Proteus 实战攻略：
从简单电路到单片机电路的仿真

刘波　韩涛　夏初蕾　段英宏　编著

机械工业出版社

本书主要介绍使用Proteus进行单片机电路设计和仿真的方法。本书内容涉及数字电路的基础知识及仿真、模拟电路的基础知识及仿真、51系列单片机的应用、PIC系列单片机的应用、AVR系列单片机的应用以及相关编译器使用方法。其中仿真验证了部分数字电路和模拟电路的基础知识，介绍了3个系列单片机的基础应用，展示了利用Proteus进行单片机综合电路设计与仿真的实例，包括双足机器人电路、遥控小车电路、循迹避障小车电路和花卉养护装置电路。单片机综合电路涉及多路PWM应用、单片机间相互通信、可视化编程及上位机与下位机通信等知识。读者可以在熟悉Proteus操作的同时体会单片机电路的设计思路，为自己DIY单片机电路打下基础。

本书适合对单片机电路设计感兴趣或参加电子设计比赛的读者阅读，也可作为相关专业和职业培训的实验用书。

图书在版编目（CIP）数据

Proteus 实战攻略：从简单电路到单片机电路的仿真 / 刘波等编著.
—北京：机械工业出版社，2023.5（2024.7 重印）
ISBN 978-7-111-72584-8

Ⅰ．① P… Ⅱ．①刘… Ⅲ．①单片微型计算机—系统仿真—应用软件 Ⅳ．① TP368.1

中国国家版本馆 CIP 数据核字（2023）第 024324 号

机械工业出版社（北京市百万庄大街 22 号　邮政编码 100037）
策划编辑：吕　潇　　　　　　责任编辑：吕　潇
责任校对：樊钟英　张　薇　　封面设计：马精明
责任印制：李　昂
北京捷迅佳彩印刷有限公司印刷
2024 年 7 月第 1 版第 2 次印刷
184mm×260mm　·　16.75 印张　·　402 千字
标准书号：ISBN 978-7-111-72584-8
定价：89.00 元

电话服务　　　　　　　　　网络服务
客服电话：010-88361066　机　工　官　网：www.cmpbook.com
　　　　　010-88379833　机　工　官　博：weibo.com/cmp1952
　　　　　010-68326294　金　书　网：www.golden-book.com
封底无防伪标均为盗版　机工教育服务网：www.cmpedu.com

前 言

Proteus 作为当今最优秀的 EDA 电路设计工具之一，具有电路仿真和 PCB 绘制等功能。本书主要介绍使用 Proteus 进行单片机电路设计和仿真的方法。本书内容涉及数字电路的基础知识及仿真、模拟电路的基础知识及仿真、51 系列单片机的应用、PIC 系列单片机的应用、AVR 系列单片机的应用以及相关编译器使用方法。

本书共 8 章。第 1 章讲解了数电模电基础电路仿真实例，其中包含门电路、逻辑电路、运算放大器电路和稳压电路，使读者在了解数电模电基础知识的同时，对 Proteus 仿真方法有个整体的认知；第 2 ～ 4 章主要讲解各个系列单片机简单实例的设计，包含 51 系列单片机的应用、PIC 系列单片机的应用、AVR 系列单片机的应用以及相关编译器使用方法；第 5 ～ 8 章主要讲解单片机简单实例的设计，包括双足机器人电路、遥控小车电路、循迹避障小车电路和花卉养护装置电路，使读者了解多路 PWM 应用、单片机间相互通信、可视化编程及上位机与下位机通信等知识。每个实例都按照总体要求、硬件电路设计、单片机程序设计、整体仿真测试和设计总结的思路来编排，以保证实例和读者学习过程的完整性。

本书取材广泛、内容新颖、实用性强，可作为单片机应用的入门级教程，对零基础的读者起到抛砖引玉的作用。本书每一个实例均配有二维码，读者扫描二维码，即可观看相关仿真视频，每个实例的工程文件可扫描本书封底的"机工电子"二维码，发送 72584 获取。本书适合对电子设计感兴趣或参加电子设计比赛的人员阅读，也可作为高等院校相关专业和职业培训的实验用书。本书所使用的元器件符号均为 Proteus 软件中自带符号，因此与当前最新符号相比略有不同。

本书顺利完稿离不开广大朋友的支持与帮助。首先，感谢在构思和编著本书的过程中提供了宝贵帮助的编辑们；其次，感谢对本书提出宝贵建议各位老师和同窗好友。最后，感谢读者的鼓励。临沂市技师学院的王鹏老师作为主审，对全稿进行了审校。

由于作者水平有限，加之时间仓促，书中难免有错误和不足之处，敬请读者批评指正！如若发现问题及错误，请与作者联系（刘波：1422407797@qq.com）。为了更好地向读者提供服务以及方便广大电子爱好者进行交流，读者可以加入技术交流 QQ 群（玩转

机器人 & 电子设计：211503389），也可关注本书作者抖音账号（feizhumingzuojia），作者将不定期进行直播答疑以及电路仿真知识分享。

　　"误打误撞"成为一位科普电子制作的作者，从 2014 年开始写书至今，已有 8 个写作年头，从 2016 年始，相关书籍陆续出版，已达十余本，莫不是因为喜欢和责任，恐怕难以坚持。喜欢去构思"天马行空"电子设计，喜欢去探索未知领域的新知识，喜欢去分享自己的所学所知。吾辈当自强，亦是责任，愿意在我能力范围之内为更多的初学读者做铺垫，使更多的读者也喜欢上电子设计。

编　者

2022 年 3 月

目　录

第1章

数电模电基础电路仿真实例

1.1 门电路仿真

1.1.1 分立元件门电路

依次打开文件夹，开始 > 所有程序 > Proteus 8 Professional，由于操作系统不同，快捷方式位置可能会略有变化。单击 Proteus 8 Professional 图标，启动 Proteus 8 Professional 软件，启动完毕后如图 1-1-1 所示。

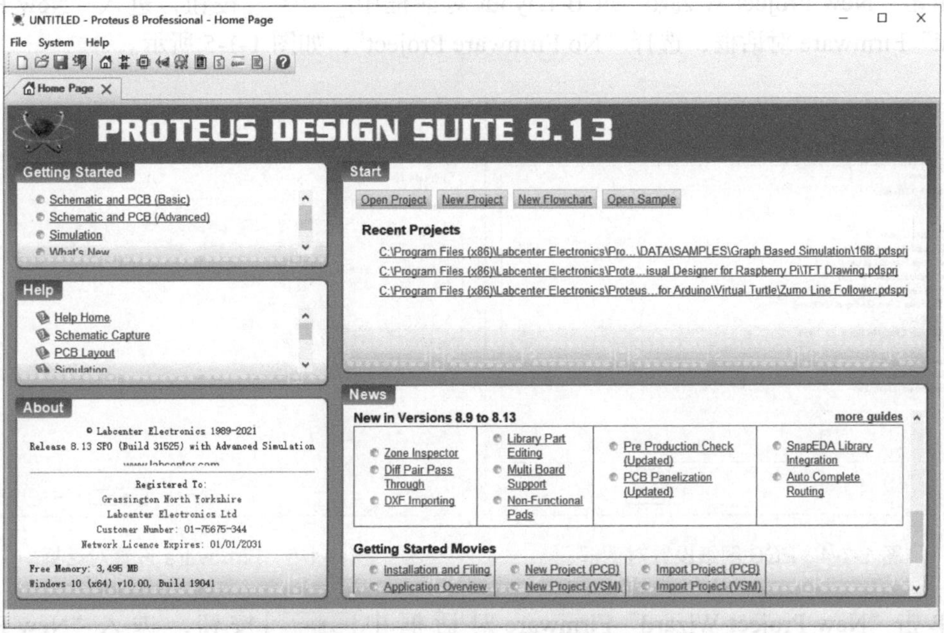

图 1-1-1　Proteus 软件启动后

执行 File → ☐ New Project 命令，弹出 "New Project Wizard" Start 对话框，在 Name 栏输入 "Diode_AND" 作为工程名，在 Path 栏选择储存路径 "G:\book\ 机工社 \project\1"，如图 1-1-2 所示。

单击 "New Project Wizard : Start" 对话框中 Next 按钮，进入 "New Project Wizard" Schematic Design 对话框，由于本例只讲述新建原理图过程，可在 Design Templates 栏中选择 DEFAULT，如图 1-1-3 所示。

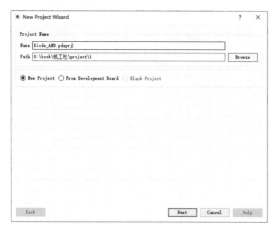

图 1-1-2　项目命名对话框　　　　　图 1-1-3　原理图图纸设置对话框

单击 "New Project Wizard" Schematic Design 对话框中 Next 按钮，进入 "New Project Wizard" PCB Layout 对话框，选中 "Do not create a PCB layout"，并选择 "Layout Template"，如图 1-1-4 所示。

单击 "New Project Wizard" PCB Layout 对话框中 Next 按钮，进入 "New Project Wizard" Firmware 对话框，选择 "No Firmware Project"，如图 1-1-5 所示。

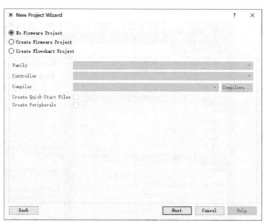

图 1-1-4　PCB 图纸设置对话框　　　　　图 1-1-5　Firmware 设置对话框

单击 "New Project Wizard" Firmware 对话框中 Next 按钮，进入 "New Project Wizard" Summary 对话框，如图 1-1-6 所示。单击 "New Project Wizard" Summary 对话框

中 Finish 按钮，即可完成新工程的创建，进入 Proteus 软件的主窗口，如图 1-1-7 所示。

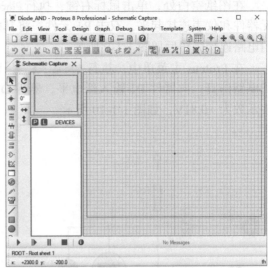

图 1-1-6　完成设置对话框　　　　　　　　　　图 1-1-7　主窗口

执行 Library → Pick Parts 命令，弹出"Pick Devices"对话框，在 Keywords 栏中输入"Logicstate"，搜索结果如图 1-1-8 所示，选择第一个"LOGICSTATE"元件，并放置在图纸上。以同样的方式，将二极管、电阻和 LED 发光二极管等放置在图纸上。

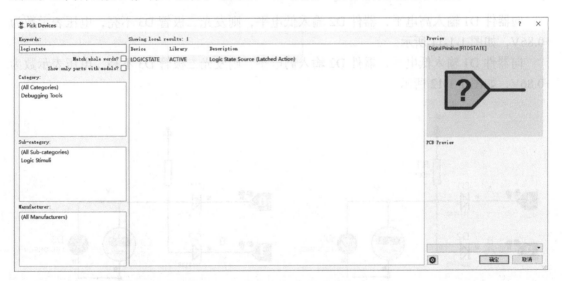

图 1-1-8　搜索"Logicstate"元件

在图纸空白处，单击鼠标右键，执行 Place → Virtual Instrument → DC VOLTMETER 命令，将直流电压表放置在图纸上。

在图纸空白处，单击鼠标右键，执行 Place → Terminal → POWER 命令，将电源网络放置在图纸上。

在图纸空白处，单击鼠标右键，执行 Place → Terminal → GROUND 命令，将地网络放置在图纸上。

在图纸空白处，单击鼠标右键，执行 Place → Text 命令，为其放置文本。将所放置的元器件和仪表连接起来，双击 R1 元件，将其电阻值设置为 100Ω，由二极管组成的与逻辑门电路连接完毕后如图 1-1-9 所示。

在 Proteus 主菜单中，执行 Debug → 💹 Run Simulation 命令，运行二极管组成的与逻辑门电路仿真。向器件 D1 输入低电平，器件 D2 输入低电平，则发光二极管 D3 不亮，电压表示数为 +0.81V，如图 1-1-10 所示。

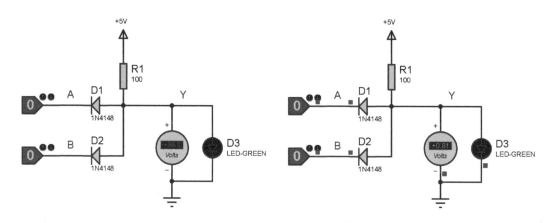

图 1-1-9　二极管组成的与逻辑门电路　　图 1-1-10　二极管组成的与逻辑门电路仿真结果 1

向器件 D1 输入高电平，器件 D2 输入低电平，则发光二极管 D3 不亮，电压表示数为 +0.86V，如图 1-1-11 所示。

向器件 D1 输入低电平，器件 D2 输入高电平，则发光二极管 D3 不亮，电压表示数为 +0.86V，如图 1-1-12 所示。

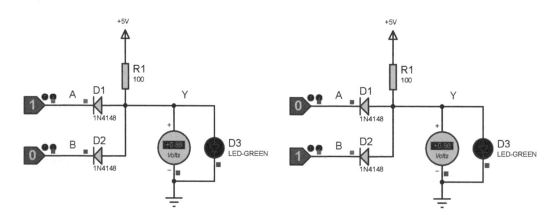

图 1-1-11　二极管组成的与逻辑门电路仿真结果 2　　图 1-1-12　二极管组成的与逻辑门电路仿真结果 3

向器件 D1 输入高电平，器件 D2 输入高电平，则发光二极管 D3 亮起，电压表示数为 +2.28V，如图 1-1-13 所示。

如果规定 2V 以上为高电平，用逻辑 1 表示；0.9V 以下为低电平，用逻辑 0 表示，Y 与

A、B 之间是与逻辑关系，真值表见表 1-1-1。

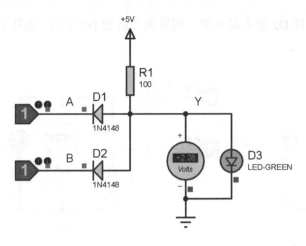

图 1-1-13　二极管组成的与逻辑门电路仿真结果 4

表 1-1-1　与门真值表

A	B	Y
1	1	1
1	0	0
0	0	0
0	1	0

📖 小提示

◎ 扫描右侧二维码可观看二极管与门仿真小视频。
◎ 在元件库中搜索 "LED-GREEN" 关键字，即可找到发光二极管。
◎ 在元件库中搜索 "RES" 关键字，即可找到电阻。
◎ 在元件库中搜索 "1N4148" 关键字，即可找到二极管。

　　仿照建立二极管与门电路工程项目的步骤，新建二极管或门电路原理图工程，将新建工程命名为 "Diode_OR"，进入电路绘制界面。仿照二极管与门电路的绘制方法，在 Proteus 中绘制二极管或门电路，二极管或门电路绘制完毕后如图 1-1-14 所示。

　　在 Proteus 主菜单中，执行 Debug → 🏃 Run Simulation 命令，运行二极管组成的或逻辑门电路仿真。向器件 D1 输入低电平，器件 D2 输入低电平，则发光二极管 D3 不亮，电压表示数为 0.00V，如图 1-1-15 所示。

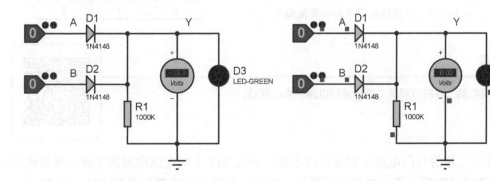

图 1-1-14　二极管或门电路　　　　　图 1-1-15　二极管或门电路仿真结果 1

向器件 D1 输入高电平，器件 D2 输入低电平，则发光二极管 D3 亮起，电压表示数为 +3.59V，如图 1-1-16 所示。

向器件 D1 输入低电平，器件 D2 输入高电平，则发光二极管 D3 亮起，电压表示数为 +3.59V，如图 1-1-17 所示。

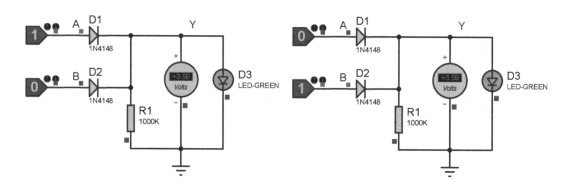

图 1-1-16　二极管或门电路仿真结果 2　　　　　图 1-1-17　二极管或门电路仿真结果 3

向器件 D1 输入高电平，器件 D2 输入高电平，则发光二极管 D3 亮起，电压表示数为 +3.82V，如图 1-1-18 所示。

如果规定 3V 以上为高电平，用逻辑 1 表示；0.7V 以下为低电平，用逻辑 0 表示，Y 与 A、B 之间是与逻辑关系，真值表见表 1-1-2。

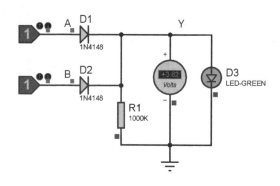

图 1-1-18　二极管或门电路仿真结果 4

表 1-1-2　或门真值表

A	B	Y
1	1	1
1	0	1
0	0	0
0	1	1

☞ **小提示**

◎ 扫描右侧二维码可观看二极管或门电路仿真小视频。

仿照建立二极管与门电路工程项目的步骤，新建 BJT 非门电路原理图工程，将新建工程命名为"BJT_NOT"，进入电路绘制界面。仿照二极管与门电路的绘制方法，在 Proteus 中绘制 BJT 非门电路，BJT 非门电路绘制完毕后如图 1-1-19。

在 Proteus 主菜单中，执行 Debug → 🦬 Run Simulation 命令，运行 BJT 组成的非逻辑门电路仿真。向器件 Q1 接入低电平，则发光二极管 D3 亮起，电压表示数为 2.24V，如图 1-1-20 所示。向器件 Q1 接入高电平，则发光二极管 D3 熄灭，电压表示数为 0.01V，如图 1-1-21 所示。

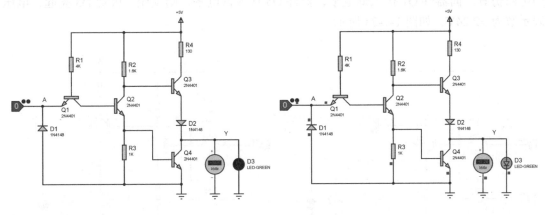

图 1-1-19　BJT 非门电路　　　　　　图 1-1-20　BJT 非门电路仿真结果 1

👉 小提示

◎ 扫描右侧二维码可观看 BJT 非门电路仿真小视频。

如果规定 2V 以上为高电平，用逻辑 1 表示；0.7V 以下为低电平，用逻辑 0 表示，Y 与 A 之间是非逻辑关系，真值表见表 1-1-3。

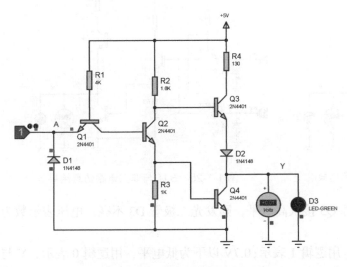

图 1-1-21　BJT 非门电路仿真结果 2

表 1-1-3　非门真值表

A	Y
1	0
0	1

仿照建立二极管与门电路工程项目的步骤，新建 BJT 与非门电路原理图工程，将新建工程命名为 "BJT_NAND"，进入电路绘制界面。仿照二极管与门电路的绘制方法，在 Proteus 中绘制 BJT 与非门电路，BJT 与非门电路绘制完毕后如图 1-1-22 所示。

在 Proteus 主菜单中，执行 Debug → 菉 Run Simulation 命令，运行 BJT 组成的与非逻辑门电路仿真。向器件 Q1 接入低电平，器件 Q5 接入低电平，则发光二极管 D3 亮起，电压表示数为 +2.24V，如图 1-1-23 所示。

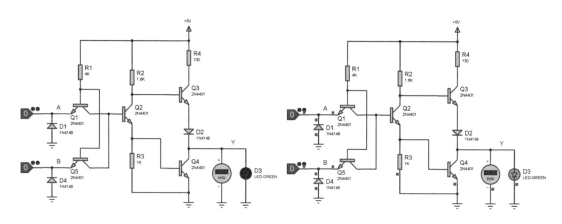

图 1-1-22　BJT 与非门电路　　　　图 1-1-23　BJT 与非门电路仿真结果 1

向器件 Q1 接入高电平，器件 Q5 接入低电平，则发光二极管 D3 亮起，电压表示数为 +2.24V，如图 1-1-24 所示。

向器件 Q1 接入低电平，器件 Q5 接入高电平，则发光二极管 D3 亮起，电压表示数为 +2.24V，如图 1-1-25 所示。

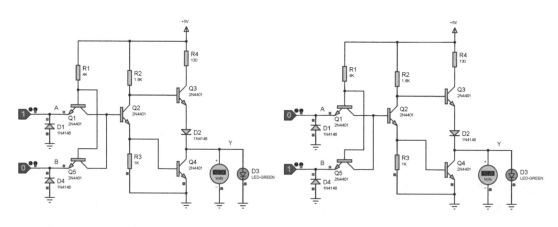

图 1-1-24　BJT 与非门电路仿真结果 2　　　图 1-1-25　BJT 与非门电路仿真结果 3

向器件 Q1 接入高电平，器件 Q5 接入高电平，则发光二极管 D3 不亮，电压表示数为 +0.01V，如图 1-1-26 所示。

如果规定 2V 以上为高电平，用逻辑 1 表示；0.7V 以下为低电平，用逻辑 0 表示，Y 与 A、B 之间是与非逻辑关系，真值表见表 1-1-4。

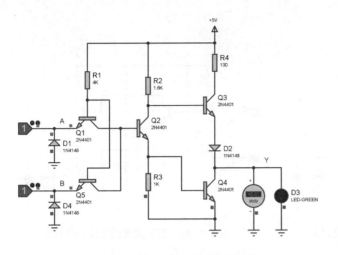

图 1-1-26　BJT 与非门电路仿真结果 4

表 1-1-4　与非门真值表

A	B	Y
1	1	0
1	0	1
0	0	1
0	1	1

仿照建立二极管与门电路工程项目的步骤，新建 BJT 或非门电路原理图工程，将新建工程命名为"BJT_NOR"，进入电路绘制界面。仿照二极管与门电路的绘制方法，在 Proteus 中绘制 BJT 或非门电路，BJT 或非门电路绘制完毕后如图 1-1-27 所示。

☞ 小提示

◎ 扫描右侧二维码可观看 BJT 与非门电路仿真小视频。

在 Proteus 主菜单中，执行 Debug → 🏃 Run Simulation 命令，运行 BJT 组成的或非逻辑门电路仿真。向器件 Q1 接入低电平，器件 Q5 接入低电平，则发光二极管 D3 亮起，电压表示数为 +2.24V，如图 1-1-28 所示。

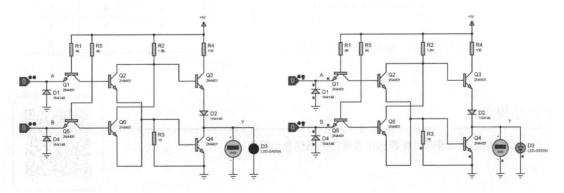

图 1-1-27　BJT 或非门电路　　　　图 1-1-28　BJT 或非门电路仿真结果 1

向器件 Q1 接入高电平，器件 Q5 接入低电平，则发光二极管 D3 不亮，电压表示数为 +0.01V，如图 1-1-29 所示。

向器件 Q1 接入低电平，器件 Q5 接入高电平，则发光二极管 D3 不亮，电压表示数为

+0.01V，如图 1-1-30 所示。

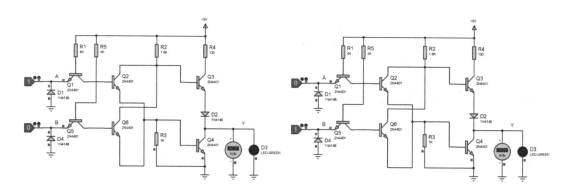

图 1-1-29　BJT 或非门电路仿真结果 2　　　　图 1-1-30　BJT 或非门电路仿真结果 3

　　向器件 Q1 接入高电平，器件 Q5 接入高电平，则发光二极管 D3 不亮，电压表示数为 +0.01V，如图 1-1-31 所示。

　　如果规定 2V 以上为高电平，用逻辑 1 表示；0.7V 以下为低电平，用逻辑 0 表示，Y 与 A、B 之间是或非逻辑关系，真值表见表 1-1-5。

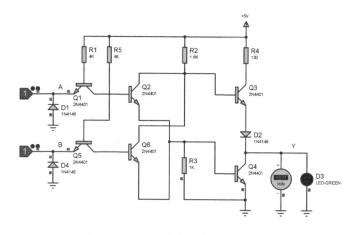

图 1-1-31　BJT 或非门电路仿真结果 4

表 1-1-5　或非门真值表

A	B	Y
1	1	0
1	0	0
0	0	1
0	1	0

☞ **小提示**

　　◎ 扫描右侧二维码可观看 BJT 或非门电路仿真小视频。

1.1.2　集成芯片门电路

　　74HC245 芯片是典型的 CMOS 型三态缓冲门电路，具有 8 路接收信号和 8 路发射信号。虽然单片机的端口均有一定的负载能力，但如果负载超过其负载能力，一般需要外加驱动器。74HC245芯片引脚示意图如图1-1-32所示。当"~G"引脚为高电平时，输入引脚和输出引脚均为高阻态；当"~G"引脚为低电平，"DIR"引脚为低电平时，"B1"引脚、"B2"引脚、"B3"引脚、"B4"引脚、"B5"引脚、"B6"引脚、"B7"引脚和"B8"引脚作为输入引脚，"A1"引脚、"A2"引脚、"A3"引脚、"A4"引脚、"A5"引脚、"A6"引脚、"A7"引脚和"A8"引脚作为输出引脚；当"~G"引脚为低电平，"DIR"引脚为高电平时，"B1"引脚、"B2"引脚、"B3"引脚、"B4"引脚、"B5"引脚、"B6"引脚、"B7"引脚和"B8"引脚作为输出引脚，"A1"引脚、"A2"引脚、"A3"引脚、"A4"引脚、"A5"引脚、"A6"引脚、"A7"引脚和"A8"引脚作为输入引脚。

新建74HC245芯片原理图工程，将新建工程命名为"74HC245"，进入电路绘制界面。74HC245芯片电路绘制完毕后如图1-1-33所示。

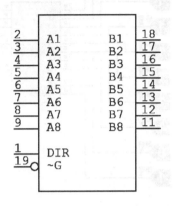

图1-1-32　74HC245引脚示意图

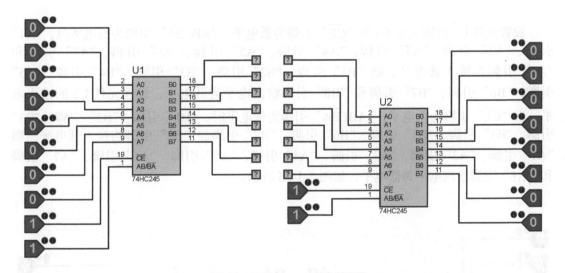

图1-1-33　74HC245芯片电路

在Proteus主菜单中，执行 Debug → 🦌 Run Simulation 命令，运行74HC245芯片电路仿真。设置元件U1的输入电平：当"$\overline{CE}$"引脚为低电平，"AB/$\overline{BA}$"引脚为高电平时，"A1"引脚、"A2"引脚、"A3"引脚、"A4"引脚、"A5"引脚、"A6"引脚、"A7"引脚和"A8"引脚均接入高电平，则"B1"引脚、"B2"引脚、"B3"引脚、"B4"引脚、"B5"引脚、"B6"引脚、"B7"引脚和"B8"引脚输出电平为高电平；设置元件U2的输入电平：当"$\overline{CE}$"引脚为低电平，"AB/$\overline{BA}$"引脚为低电平时，"B1"引脚、"B2"引脚、"B3"引脚、"B4"引脚、"B5"引脚、"B6"引脚、"B7"引脚和"B8"引脚均接入高电平，则"A1"引脚、"A2"引脚、"A3"引脚、"A4"引脚、"A5"引脚、"A6"引脚、"A7"引脚和"A8"引脚输出电平为高电平，如图1-1-34所示。

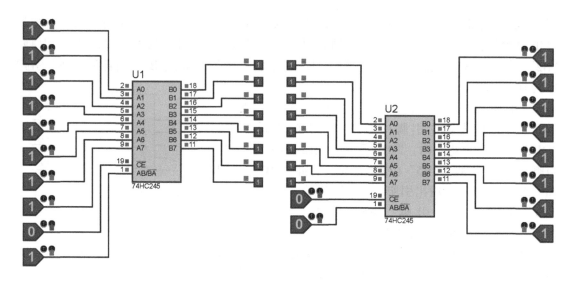

图 1-1-34 74HC245 芯片电路仿真结果 1

设置元件 U1 的输入电平：当"$\overline{CE}$"引脚为低电平，"AB/$\overline{BA}$"引脚为高电平时，"A1"引脚、"A2"引脚、"A3"引脚、"A4"引脚、"A5"引脚、"A6"引脚、"A7"引脚和"A8"引脚均接入低电平，则"B1"引脚、"B2"引脚、"B3"引脚、"B4"引脚、"B5"引脚、"B6"引脚、"B7"引脚和"B8"引脚输出电平为低电平；设置元件 U2 的输入电平：当"$\overline{CE}$"引脚为低电平，"AB/$\overline{BA}$"引脚为低电平时，"B1"引脚、"B2"引脚、"B3"引脚、"B4"引脚、"B5"引脚、"B6"引脚、"B7"引脚和"B8"引脚均接入低电平，则"A1"引脚、"A2"引脚、"A3"引脚、"A4"引脚、"A5"引脚、"A6"引脚、"A7"引脚和"A8"引脚输出电平为低电平，如图 1-1-35 所示。

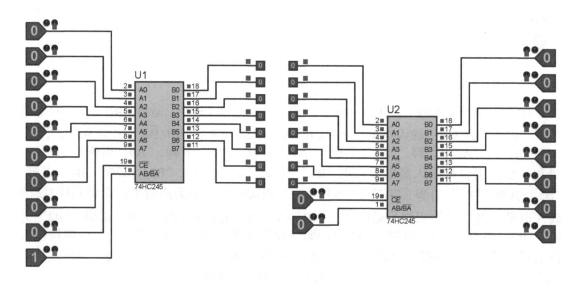

图 1-1-35 74HC245 芯片电路仿真结果 2

设置元件 U1 的输入电平：当"$\overline{CE}$"引脚为高电平，"AB/$\overline{BA}$"引脚为高电平时，则"B1"引脚、"B2"引脚、"B3"引脚、"B4"引脚、"B5"引脚、"B6"引脚、"B7"引脚和"B8"引脚输出电平为高阻态，与输入引脚的输入电平无关；设置元件 U2 的输入电平：当"$\overline{CE}$"引脚为高电平，"AB/$\overline{BA}$"引脚为低电平时，则"A1"引脚、"A2"引脚、"A3"引脚、"A4"引脚、"A5"引脚、"A6"引脚、"A7"引脚和"A8"引脚输出电平为高阻态，与输入引脚的输入电平无关，如图 1-1-36 所示。

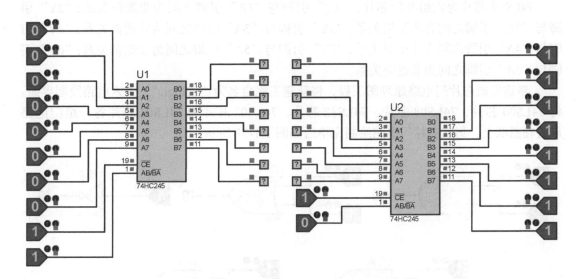

图 1-1-36　74HC245 芯片电路仿真结果 3

☞ **小提示**

◎ 扫描右侧二维码可观看 74HC245 芯片电路仿真小视频。

74LS00 芯片为四组 2 输入端与非门芯片，"1Y"引脚与"1A"引脚、"1B"引脚之间为与非逻辑关系；"2Y"引脚与"2A"引脚、"2B"引脚之间为与非逻辑关系；"3Y"引脚与"3A"引脚、"3B"引脚之间为与非逻辑关系；"4Y"引脚与"4A"引脚、"4B"引脚之间为与非逻辑关系。

74LS08 芯片为四组 2 输入端与门芯片，"1Y"引脚与"1A"引脚、"1B"引脚之间为与逻辑关系；"2Y"引脚与"2A"引脚、"2B"引脚之间为与逻辑关系；"3Y"引脚与"3A"引脚、"3B"引脚之间为与逻辑关系；"4Y"引脚与"4A"引脚、"4B"引脚之间为与逻辑关系。

74LS32 芯片为四组 2 输入端或门芯片，"1Y"引脚与"1A"引脚、"1B"引脚之间为或逻辑关系；"2Y" 引脚与 "2A" 引脚、"2B" 引脚之间为或逻辑关系；"3Y" 引脚与 "3A" 引脚、"3B" 引脚之间为或逻辑关系；"4Y" 引脚与 "4A" 引脚、"4B" 引脚之间为或逻辑关系。

74LS02 芯片为四组 2 输入端或非门芯片，"1Y" 引脚与 "1A" 引脚、"1B" 引脚之间为或非逻辑关系；"2Y" 引脚与 "2A" 引脚、"2B" 引脚之间为或非逻辑关系；"3Y" 引脚与 "3A" 引脚、"3B" 引脚之间为或非逻辑关系；"4Y" 引脚与 "4A" 引脚、"4B" 引脚之间为或非逻辑关系。

74LS04 芯片为六组非门芯片，"1Y" 引脚与 "1A" 引脚之间为非逻辑关系；"2Y" 引脚与 "2A" 引脚之间为非逻辑关系；"3Y" 引脚与 "3A" 引脚之间为非逻辑关系；"4Y" 引脚与 "4A" 引脚之间为非逻辑关系；"5Y" 引脚与 "5A" 引脚之间为非逻辑关系；"6Y" 引脚与 "6A" 引脚之间为非逻辑关系。

新建集成芯片门电路原理图工程，将新建工程命名为 "IClogic"，进入电路绘制界面。将 74LS00 芯片、74LS08 芯片、74LS32 芯片、74LS02 芯片和 74LS04 芯片各一组门电路放置在图纸上，集成芯片门电路绘制完毕后如图 1-1-37 所示。

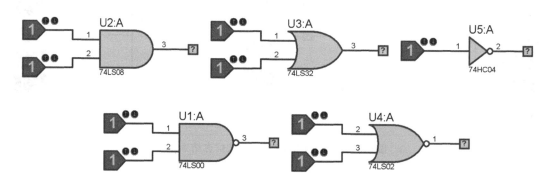

图 1-1-37　集成芯片门电路

在 Proteus 主菜单中，执行 Debug → Run Simulation 命令，运行集成芯片门电路仿真。可以参照 1.1.1 节中真值表，对集成芯片门电路的输入端进行设置，部分仿真结果如图 1-1-38～图 1-1-40 所示。读者也可自行仿真其他情况。

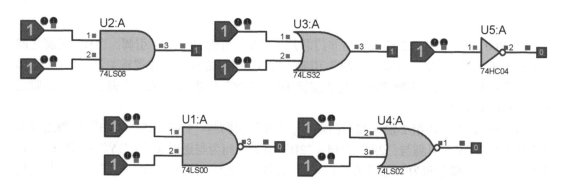

图 1-1-38　集成芯片门电路仿真结果 1

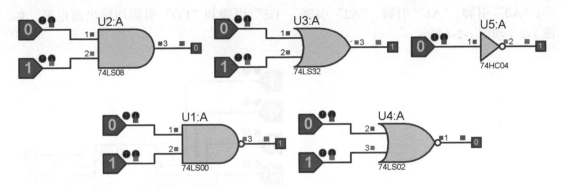

图 1-1-39　集成芯片门电路仿真结果 2

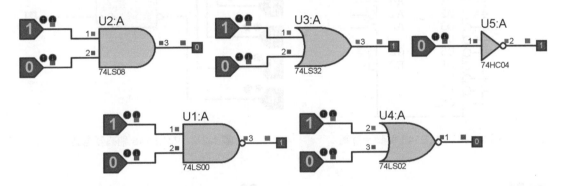

图 1-1-40　集成芯片门电路仿真结果 3

☞ 小提示

◎ 扫描右侧二维码可观看集成芯片门电路仿真小视频。

1.2　逻辑电路仿真

1.2.1　组合逻辑电路

　　74LS148 芯片为 8 线—3 线编码器，引脚示意图如图 1-2-1 所示。新建 74LS148 编码器电路原理图工程，将新建工程命名为 "74LS148"，进入电路绘制界面，74LS148 编码器电路绘制完毕后如图 1-2-2 所示。

　　在 Proteus 主菜单中，执行 Debug → 🛠 Run Simulation 命令，运行 74LS148 编码器电路仿真。当 "EI" 引脚接入高电平时，其余引脚均不起作用，无论 "D0" 引脚、"D1" 引脚、"D2" 引脚、"D3" 引脚、"D4" 引脚、"D5" 引脚、"D6" 引脚和 "D7" 引脚接入何种电平，"A0"引脚、"A1"引脚、"A2"引脚、"GS"引脚和"EO"引脚均输出高电平，如图 1-2-3 和图 1-2-4 所示。

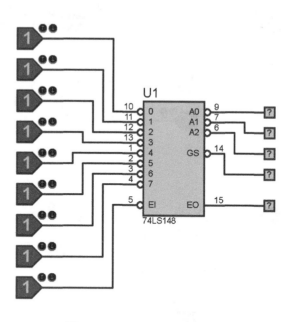

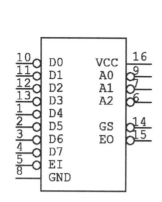

图 1-2-1　74LS148 引脚示意图　　　　　图 1-2-2　74LS148 编码器电路

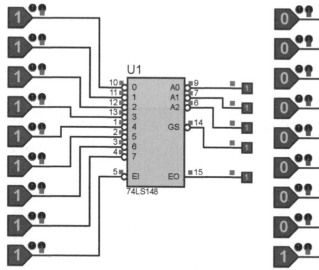

图 1-2-3　74LS148 编码器电路仿真结果 1　　　图 1-2-4　74LS148 编码器电路仿真结果 2

当"EI"引脚接入低电平时，"D7"引脚接入低电平，无论"D0"引脚、"D1"引脚、"D2"引脚、"D3"引脚、"D4"引脚、"D5"引脚、和"D6"引脚接入何种电平，LED1、LED2、LED3 和 LED4 均熄灭，LED5 亮起，"A0"引脚、"A1"引脚、"A2"引脚和"GS"引脚均输出低电平，"EO"引脚输出高电平，如图 1-2-5 和图 1-2-6 所示。

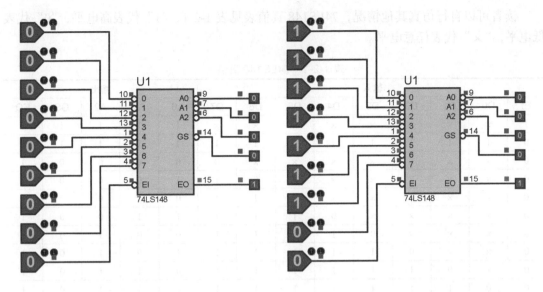

图 1-2-5　74LS148 编码器电路仿真结果 3　　　　图 1-2-6　74LS148 编码器电路仿真结果 4

　　当"EI"引脚接入低电平时,"D1"引脚接入低电平,"D0"引脚、"D2"引脚、"D3"引脚、"D4"引脚、"D5"引脚、"D6"引脚和"D7"引脚均接入高电平,"A0"引脚"A1"引脚、"A2"引脚和"EO"引脚均输出高电平,"A0"引脚和"GS"引脚输出低电平,如图 1-2-7 所示。

　　当"EI"引脚接入低电平时,"D0"引脚接入低电平,"D1"引脚、"D2"引脚、"D3"引脚、"D4"引脚、"D5"引脚、"D6"引脚和"D7"引脚均接入高电平,"A0"引脚、"A1"引脚、"A2"引脚和"EO"引脚均输出高电平,"GS"引脚输出低电平,如图 1-2-8 所示。

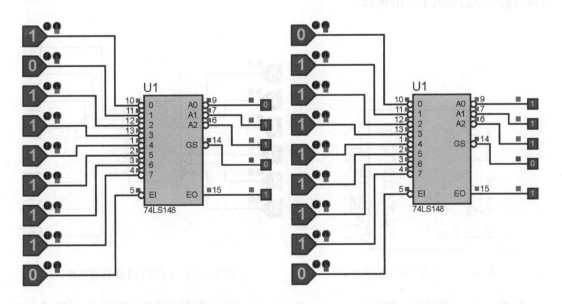

图 1-2-7　74LS148 编码器电路仿真结果 5　　　　图 1-2-8　74LS148 编码器电路仿真结果 6

读者可以自行仿真其他情况，74LS148 真值表见表 1-2-1，"1"代表高电平，"0"代表低电平，"×"代表任意电平。

表 1-2-1　74LS148 真值表

输入									输出				
EI	D0	D1	D2	D3	D4	D5	D6	D7	A0	A1	A2	GS	EO
1	×	×	×	×	×	×	×	×	1	1	1	1	1
0	1	1	1	1	1	1	1	1	1	1	1	1	0
0	×	×	×	×	×	×	×	0	0	0	0	0	1
0	×	×	×	×	×	×	0	1	1	0	0	0	1
0	×	×	×	×	×	0	1	1	0	1	0	0	1
0	×	×	×	×	0	1	1	1	1	1	0	0	1
0	×	×	×	0	1	1	1	1	0	0	1	0	1
0	×	×	0	1	1	1	1	1	1	0	1	0	1
0	×	0	1	1	1	1	1	1	0	1	1	0	1
0	0	1	1	1	1	1	1	1	1	1	1	0	1

☞ 小提示

◎ 扫描右侧二维码可观看 74LS148 编码器电路仿真小视频。

74LS138 芯片为 3 线—8 线译码器，引脚示意图如图 1-2-9 所示。新建 74LS138 译码器电路原理图工程，将新建工程命名为"74LS138"，进入电路绘制界面，74LS138 译码器电路绘制完毕后如图 1-2-10 所示。

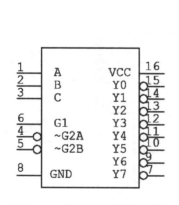

图 1-2-9　74LS138 引脚示意图

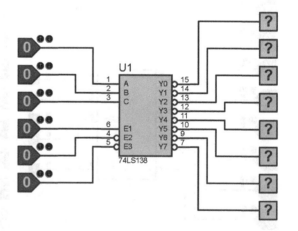

图 1-2-10　74LS138 译码器电路

在 Proteus 主菜单中，执行 Debug → 🏃 Run Simulation 命令，运行 74LS138 译码器电路

仿真。当"A"引脚、"B"引脚和"C"引脚均接入低电平时,"Y0"引脚为低电平,"Y1"引脚、"Y2"引脚、"Y3"引脚、"Y4"引脚、"Y5"引脚、"Y6"引脚和"Y7"引脚均为高电平,如图 1-2-11 所示。

当"A"引脚接入高电平,"B"引脚和"C"引脚均接入低电平时,"Y1"引脚为低电平,"Y0"引脚、"Y2"引脚、"Y3"引脚、"Y4"引脚、"Y5"引脚、"Y6"引脚和"Y7"引脚均为高电平,如图 1-2-12 所示。

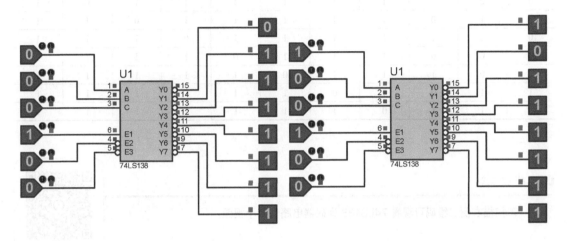

图 1-2-11 74LS138 译码器电路仿真结果 1   图 1-2-12 74LS138 译码器电路仿真结果 2

当"B"引脚接入高电平,"A"引脚和"C"引脚均接入低电平时,"Y2"引脚为低电平,"Y0"引脚、"Y1"引脚、"Y3"引脚、"Y4"引脚、"Y5"引脚、"Y6"引脚和"Y7"引脚均为高电平,如图 1-2-13 所示。

当"A"引脚接入低电平,"C"引脚和"B"引脚均接入高电平时,"Y6"引脚为低电平,"Y0"引脚、"Y1"引脚、"Y3"引脚、"Y4"引脚、"Y5"引脚、"Y2"引脚和"Y7"引脚均为高电平,如图 1-2-14 所示。

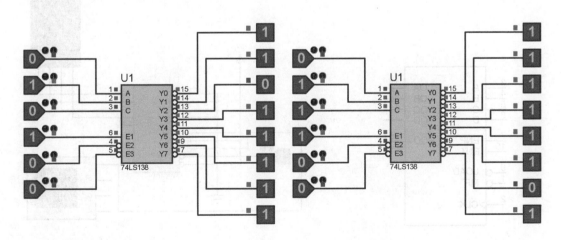

图 1-2-13 74LS138 译码器电路仿真结果 3   图 1-2-14 74LS138 译码器电路仿真结果 4

读者可以自行仿真其他情况，74LS138 真值表见表 1-2-2，"1"代表高电平，"0"代表低电平。

表 1-2-2　74LS138 真值表

输入			输出							
C	B	A	Y7	Y6	Y5	Y4	Y3	Y2	Y1	Y0
0	0	0	1	1	1	1	1	1	1	0
0	0	1	1	1	1	1	1	1	0	1
0	1	0	1	1	1	1	1	0	1	1
0	1	1	1	1	1	1	0	1	1	1
1	0	0	1	1	1	0	1	1	1	1
1	0	1	1	1	0	1	1	1	1	1
1	1	0	1	0	1	1	1	1	1	1
1	1	1	0	1	1	1	1	1	1	1

☞ **小提示**

◎ 扫描右侧二维码可观看 74LS138 译码器电路仿真小视频。

1.2.2　时序逻辑电路

74HC160 芯片是四位十进制同步计数器，引脚示意图如图 1-2-15 所示。新建 74HC160 计数器电路原理图工程，将新建工程命名为"74HC160"，进入电路绘制界面，74HC160 计数器电路绘制完毕后如图 1-2-16 所示。

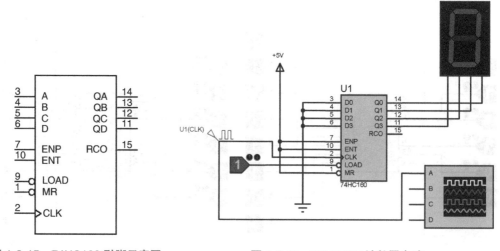

图 1-2-15　74HC160 引脚示意图　　　　图 1-2-16　74HC160 计数器电路

在 Proteus 主菜单中，执行 Debug → 🔲 Run Simulation 命令，运行 74HC160 计数器电路仿真。当"CLK"接收到第 4 个脉冲时，其波形如图 1-2-17 所示，记录当前的输入脉冲个数为 4，则数码管显示"4"，如图 1-2-18 所示。

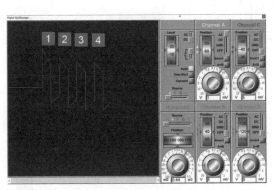

图 1-2-17　示波器波形 1

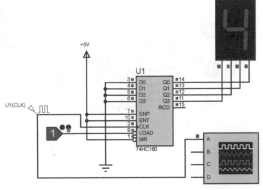

图 1-2-18　74HC160 计数器电路仿真结果 1

当"CLK"接收到第 6 个脉冲时，其波形如图 1-2-19 所示，记录当前的输入脉冲个数为 4，则数码管显示"6"，如图 1-2-20 所示。读者可以自行仿真其他情况。

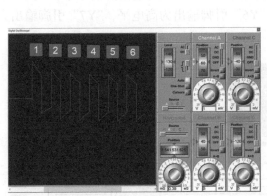

图 1-2-19　示波器波形 2

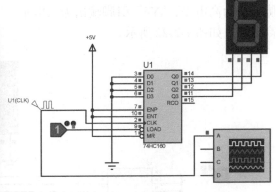

图 1-2-20　74HC160 计数器电路仿真结果 2

👉 小提示

◎ 扫描右侧二维码可观看 74HC160 计数器电路仿真小视频。

8 路顺序脉冲发生器主要由 74HC161 计数器和 74HC138 译码器组成。新建 8 路顺序脉冲发生器电路原理图工程，将新建工程命名为"Eight"，进入电路绘制界面，8 路顺序脉冲发生器电路绘制完毕后如图 1-2-21 所示。

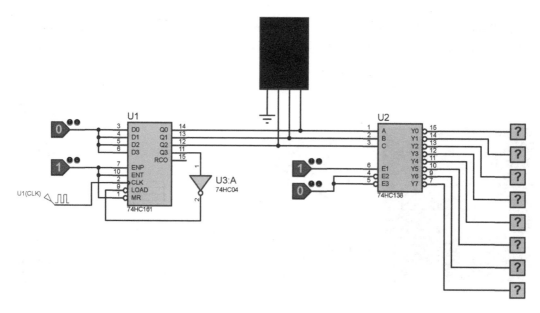

图 1-2-21　8 路顺序脉冲发生器电路

在 Proteus 主菜单中，执行 Debug → ▓ Run Simulation 命令，运行 8 路顺序脉冲发生器电路仿真。当 "CLK" 接收到第 1 个脉冲时，数码管显示 "1"，"Y0" 引脚输出为高电平，"Y1" 引脚输出为低电平，"Y2" 引脚输出为高电平，"Y3" 引脚输出为高电平，"Y4" 引脚输出为高电平，"Y5" 引脚输出为高电平，"Y6" 引脚输出为高电平，"Y7" 引脚输出为高电平，如图 1-2-22 所示。

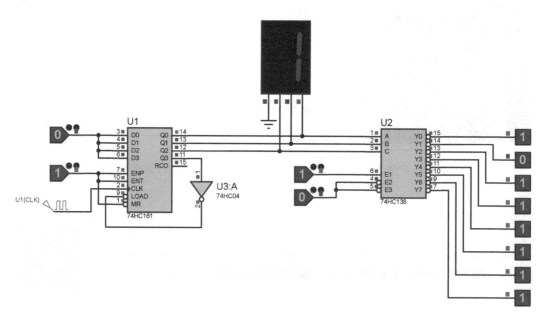

图 1-2-22　8 路顺序脉冲发生器电路仿真结果 1

当 "CLK" 接收到第 3 个脉冲时，数码管显示 "3"，"Y0" 引脚输出为高电平，"Y1"

引脚输出为高电平，"Y2"引脚输出为高电平，"Y3"引脚输出为低电平，"Y4"引脚输出为高电平，"Y5"引脚输出为高电平，"Y6"引脚输出为高电平，"Y7"引脚输出为高电平，如图 1-2-23 所示。

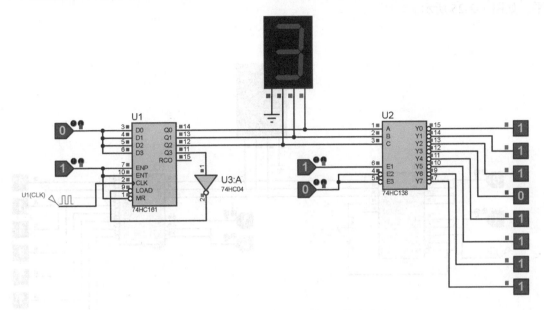

图 1-2-23　8 路顺序脉冲发生器电路仿真结果 2

当"CLK"接收到第 5 个脉冲时，数码管显示"5"，"Y0"引脚输出为高电平，"Y1"引脚输出为高电平，"Y2"引脚输出为高电平，"Y3"引脚输出为高电平，"Y4"引脚输出为高电平，"Y5"引脚输出为低电平，"Y6"引脚输出为高电平，"Y7"引脚输出为高电平，如图 1-2-24 所示。

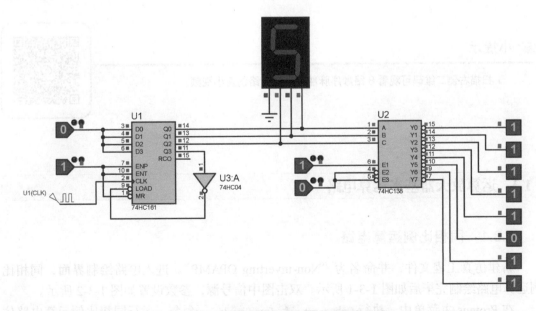

图 1-2-24　8 路顺序脉冲发生器电路仿真结果 3

当 "CLK" 接收到第 7 个脉冲时，数码管显示 "7"，"Y0" 引脚输出为高电平，"Y1" 引脚输出为高电平，"Y2" 引脚输出为高电平，"Y3" 引脚输出为高电平，"Y4" 引脚输出为高电平，"Y5" 引脚输出为高电平，"Y6" 引脚输出为高电平，"Y7" 引脚输出为低电平，如图 1-2-25 所示。

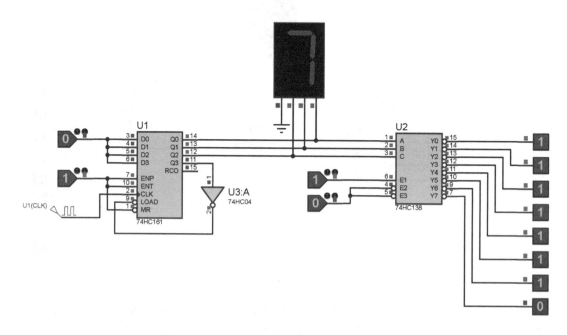

图 1-2-25　8 路顺序脉冲发生器电路仿真结果 4

☞ 小提示

◎ 扫描右侧二维码可观看 8 路顺序脉冲发生器电路仿真小视频。

1.3　运算放大器基本运算电路

1.3.1　同相比例运算电路

新建仿真工程文件，并命名为 "Non-inverting OPAMP"。进入电路绘制界面，同相比例运算电路绘制完毕后如图 1-3-1 所示。双击图中信号源，参数设置如图 1-3-2 所示。

在 Proteus 主菜单中，执行 Debug → Run Simulation 命令，运行同相比例运算电路仿真。示波器波形如 1-3-3 所示，适当调节示波器中按钮如图 1-3-4 所示，可见输出信号为输入信号的 2 倍并且同相。

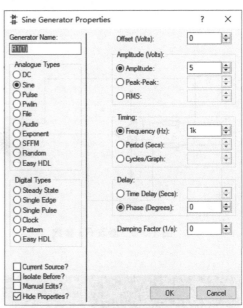

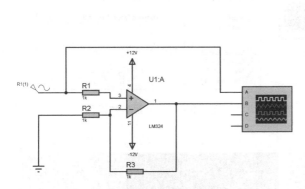

图 1-3-1　同相比例运算电路

图 1-3-2　信号源参数设置 1

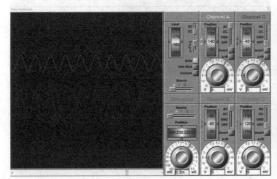

图 1-3-3　示波器波形 1

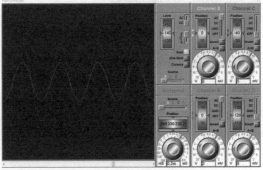

图 1-3-4　示波器波形 2

执行 Debug → ■ Stop VSM Debugging 命令，停止同相比例运算电路仿真，双击电阻 "R3"，将其阻值设置为 "2kΩ"，修改完毕后，如图 1-3-5 所示。双击信号源，修改完毕后，如图 1-3-6 所示。

在 Proteus 主菜单中，执行 Debug → 📝 Run Simulation 命令，运行同相比例运算电路仿真。示波器波形如 1-3-7 所示，适当调节示波器中按钮，如图 1-3-8 所示，可见输出信号为输入信号的 3 倍并且同相。可见输出信号为输入信号的 3 倍并且同相。输出电压与输入电压成比例，遵循 $A_v = 1 + R_3/R_2$ 的电压增益计算公式。

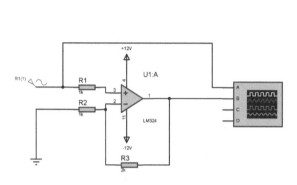

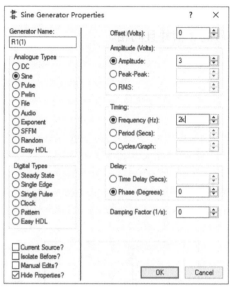

图 1-3-5　修改 R3 参数　　　　　　　　图 1-3-6　信号源参数设置 2

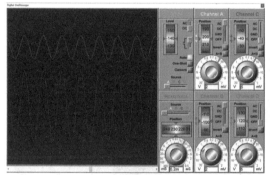

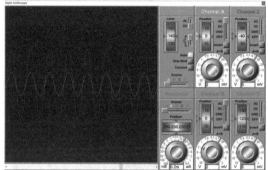

图 1-3-7　示波器波形 3　　　　　　　　图 1-3-8　示波器波形 4

☞ 小提示

　◎ 扫描右侧二维码可观看同相比例运算电路仿真小视频。

1.3.2　反相比例运算电路

　　新建仿真工程文件，并命名为"Inverting OPAMP"。进入电路绘制界面，反相比例运算电路绘制完毕后如图 1-3-9 所示。双击信号源，参数设置如图 1-3-10 所示。

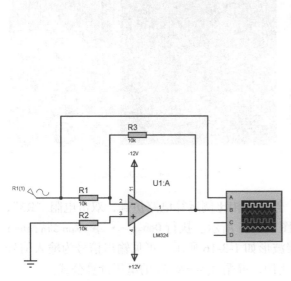

图 1-3-9　反相比例运算电路

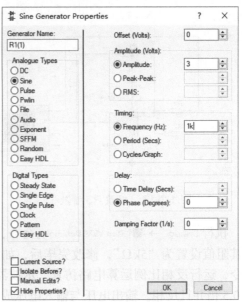

图 1-3-10　信号源参数设置 1

在 Proteus 主菜单中，执行 Debug → 💹 Run Simulation 命令，运行反相比例运算电路仿真。示波器波形如 1-3-11 所示，适当调节示波器中按钮如图 1-3-12 所示，可见输出信号为输入信号的 1 倍并且反相。

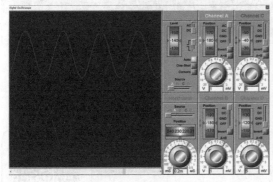

图 1-3-11　示波器波形 1

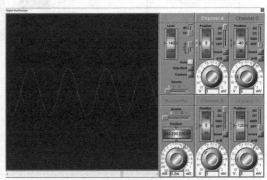

图 1-3-12　示波器波形 2

执行 Debug → ■ Stop VSM Debugging 命令，停止反相比例运算电路仿真，双击电阻 "R3"，将其阻值设置为 "20kΩ"，修改完毕后，如图 1-3-13 所示。执行 Debug → 💹 Run Simulation 命令，运行反相比例运算电路仿真，示波器波形如 1-3-14 所示，可见输出信号为输入信号的 2 倍并且反相。

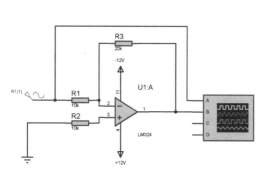

图 1-3-13　修改 R3 参数 1

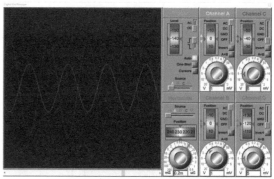

图 1-3-14　示波器波形 3

执行 Debug → ■ Stop VSM Debugging命令，停止反相比例运算电路仿真，双击电阻"R3"，将其阻值设置为"5kΩ"，修改完毕后，如图 1-3-15 所示。执行 Debug → 🏃 Run Simulation 命令，运行反相比例运算电路仿真，示波器波形如 1-3-16 所示，可见输出信号为输入信号的 0.5 倍并且反相。输出电压与输入电压成比例，遵循 $A_v = -R_3/R_1$ 的电压计算公式。

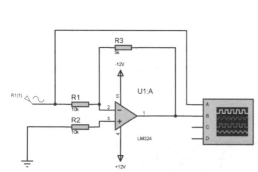

图 1-3-15　修改 R3 参数 2

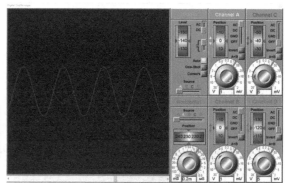

图 1-3-16　示波器波形 4

👉 **小提示**

◎ 扫描右侧二维码可观看反相比例运算电路电路仿真小视频。

1.3.3　求差运算电路

新建仿真工程文件，并命名为"Sub OPAMP"。进入电路绘制界面，求差运算电路绘制完毕后如图 1-3-17 所示。双击信号源 1，参数设置如图 1-3-18 所示。双击信号源 2，参数设置如图 1-3-19 所示。

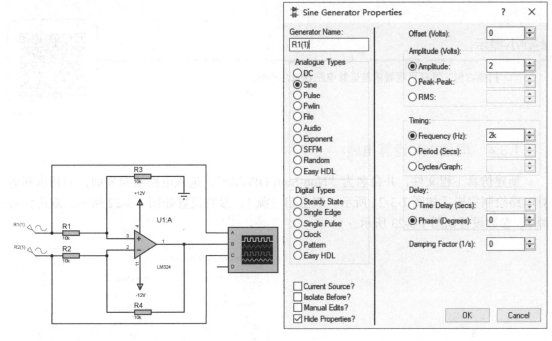

图 1-3-17　求差运算电路　　　　　　　　　图 1-3-18　信号源 1 参数设置

　　在 Proteus 主菜单中，执行 Debug → 🏃 Run Simulation 命令，运行求差运算电路仿真。示波器波形如 1-3-20 所示，可见输出信号为两个输入信号之差。

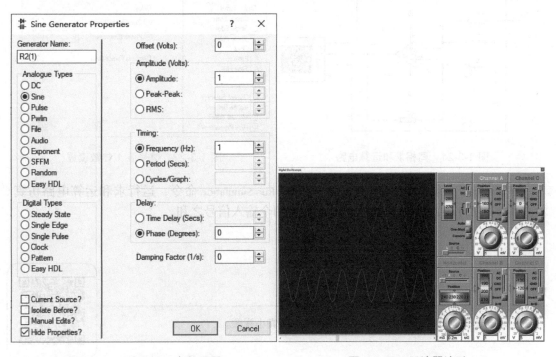

图 1-3-19　信号源 2 参数设置　　　　　　　图 1-3-20　示波器波形 1

1.3.4　同相求和运算电路

新建仿真工程文件，并命名为"Non-Sum OPAMP"。进入电路绘制界面，同相求和运算电路绘制完毕后如图 1-3-21 所示。双击信号源 1，参数设置如图 1-3-22 所示。双击信号源 2，参数设置如图 1-3-23 所示。

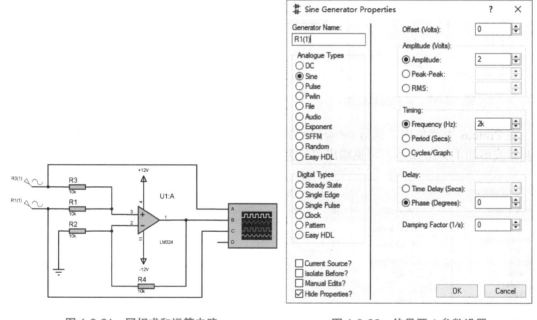

图 1-3-21　同相求和运算电路　　　　　　　图 1-3-22　信号源 1 参数设置

在 Proteus 主菜单中，执行 Debug → 🏃 Run Simulation 命令，运行求和运算电路仿真。示波器波形如 1-3-24 所示，可见输出信号为两个输入信号之和。

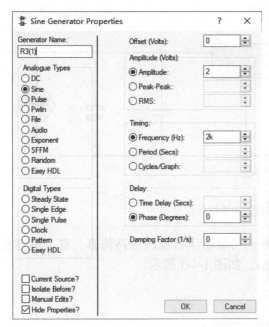

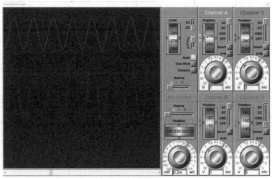

图 1-3-23　信号源 2 参数设置　　　　　图 1-3-24　示波器波形 1

1.4　稳压电路仿真

1.4.1　三端稳压器稳压电路

新建仿真工程文件，并命名为"LM7805"。进入电路绘制界面，三端稳压器稳压电路
绘制完毕后如图 1-4-1 所示。

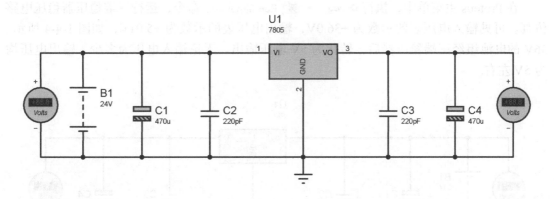

图 1-4-1　三端稳压器稳压电路

在 Proteus 主菜单中，执行 Debug → 🐾 Run Simulation 命令，运行三端稳压器稳压电路
仿真。可见输入电压表的示数为 +24.0V，输出电压表的示数为 +5.01V，如图 1-4-2 所示。
24V 的电池组经三端稳压器后，转化为 5V 电压输出。

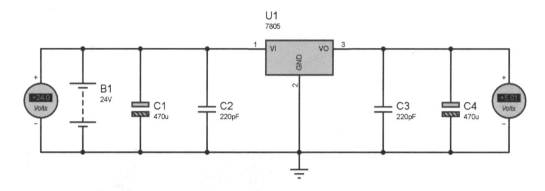

图 1-4-2　三端稳压器稳压电路仿真结果 1

执行 Debug → ■ Stop VSM Debugging 命令，停止三端稳压器稳压电路仿真，双击电池组"B1"，将其电压值设置为"+36V"，修改完毕后，如图 1-4-3 所示。

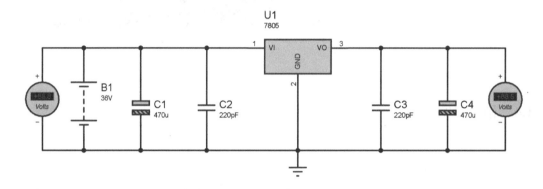

图 1-4-3　修改电池组参数

在 Proteus 主菜单中，执行 Debug → ▓ Run Simulation 命令，运行三端稳压器稳压电路仿真。可见输入电压表的示数为 +36.0V，输出电压表的示数为 +5.01V，如图 1-4-4 所示。36V 的电池组经三端稳压器后，转化为 5V 电压输出。无论输入电压为多少，输出电压均为 5V 左右。

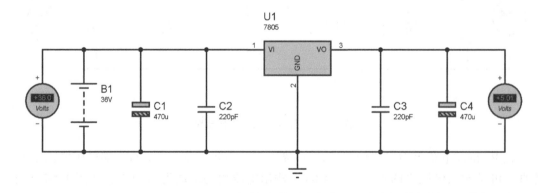

图 1-4-4　三端稳压器稳压电路仿真结果 2

1.4.2　可调输出电压稳压电路仿真

新建仿真工程文件，并命名为"LM317"。进入电路绘制界面，可调输出电压稳压电路绘制完毕后如图 1-4-5 所示。

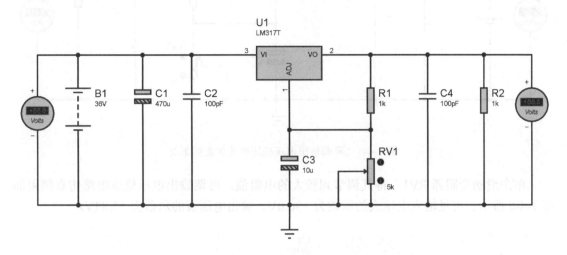

图 1-4-5　可调输出电压稳压电路

在 Proteus 主菜单中，执行 Debug → Run Simulation 命令，运行可调输出电压稳压电路仿真。可见输入电压表的示数为 +36.0V，输出电压表的示数为 +4.52V，如图 1-4-6 所示。

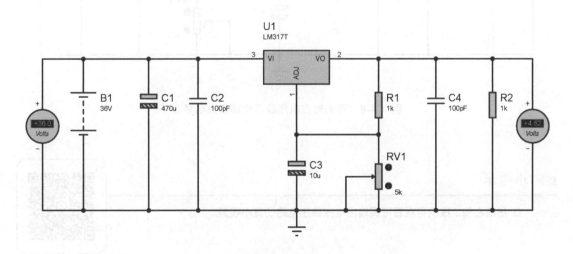

图 1-4-6　可调输出电压稳压电路仿真结果 1

单击滑动变阻器 RV1，将其调节到较小的电阻值，可调输出电压稳压电路仿真结果如图 1-4-7 所示，可见输入电压表的示数为 +36.0V，输出电压表的示数为 +2.57V。

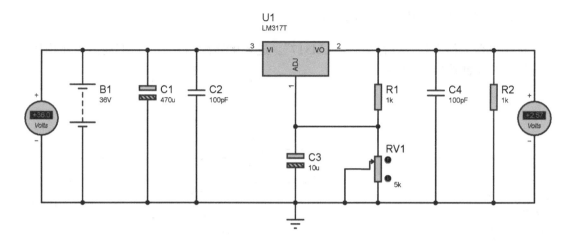

图 1-4-7　可调输出电压稳压电路仿真结果 2

　　单击滑动变阻器 RV1，将其调节到较大的电阻值，可调输出电压稳压电路仿真结果如图 1-4-8 所示，可见输入电压表的示数为 +36.0V，输出电压表的示数为 +5.83V。

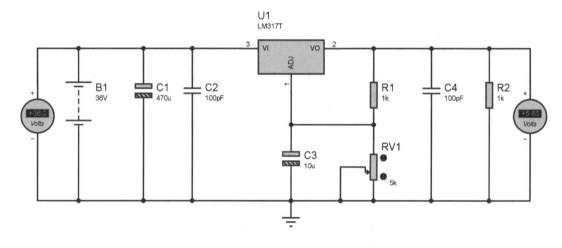

图 1-4-8　可调输出电压稳压电路仿真结果 3

☞ 小提示

◎ 扫描右侧二维码可观看可调输出电压稳压电路仿真小视频。

▼ 第 2 章

51 系列单片机仿真实例

2.1 直流电动机调速电路仿真

2.1.1 总体要求

本例将讲解如何利用 51 单片机对直流电动机进行调速。直流电动机调速电路硬件系统主要包括单片机最小系统电路、电机驱动电路、独立按键电路和指示灯电路等。本例直流电动机调速电路主要设计要求如下：

☺ 可以通过独立按键调节直流电动机转动方向；

☺ 可以通过独立按键调节直流电动机转速；

☺ 利用 H 桥驱动电路驱动直流电动机；

☺ 直流电动机正向转动时，应有指示灯亮起；

☺ 直流电动机反向转动时，应有指示灯亮起。

2.1.2 硬件电路设计

新建仿真工程文件，并命名为"DCmotor"。单片机最小系统电路包含了单片机电路、晶振电路和复位电路。单片机最小系统电路主要作用是将独立按键电路采集到的信息进行加工处理并根据信息处理结果去驱动信号指示灯电路和电动机驱动电路。绘制出的单片机最小系统电路如图 2-1-1 所示。双击晶振元件，弹出"Edit Component"对话框，将 Frequency 参数设置为"12MHz"，其他参数为默认设置，如图 2-1-2 所示，晶振元件参数设置完毕后，单击"Edit Component"对话框中的 OK 按钮。

本例中的 H 桥电动机驱动电路可以驱动 1 个电机。在 Proteus 软件中绘制出的 H 桥电动机驱动电路如图 2-1-3 所示，H 桥电动机驱动电路主要由直流电动机、晶体管和电阻等元器件组成。电阻 R8 的一个引脚通过网络标号"PWM+"与 AT89C51 单片机的 P3.7 引脚相连；电阻 R7 的一个引脚通过网络标号"PWM-"与 AT89C51 单片机的 P3.6 引脚相连。

☞ 小提示

◎ AT89C51 单片机中的网络标号在后续章节会有讲解。

◎ 在元件库中搜索"89C51"关键字，即可找到 AT89C51 单片机。

◎ 在元件库中搜索"CRY"关键字，即可找到晶振元件，双击晶振元件将频率设为 12MHz。

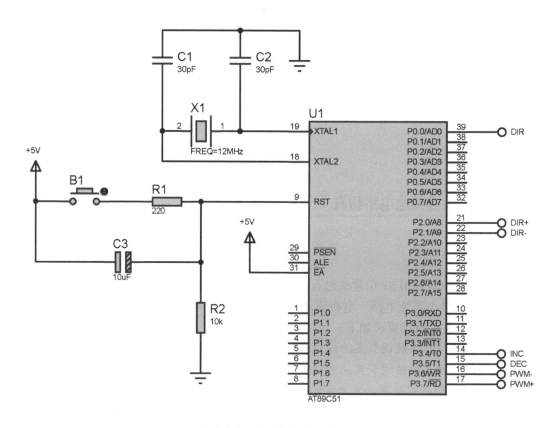

图 2-1-1　单片机最小系统电路

当 AT89C51 单片机的 P3.6 引脚输出高电平，AT89C51 单片机的 P3.7 引脚输出低电平，直流电动机反向转动；当 AT89C51 单片机的 P3.6 引脚输出低电平，AT89C51 单片机的 P3.7 引脚输出高电平，直流电动机正向转动。

指示灯电路主要由发光二极管和电阻组成，绘制出的电路如图 2-1-4 所示。绿色发光二极管用以指示直流电动机正向转动状态，黄色发光二极管用以指示直流电动机反向转动状态。绿色发光二

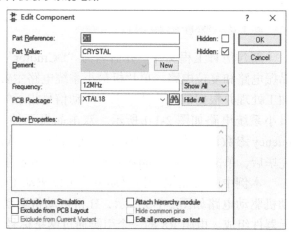

图 2-1-2　"Edit Component"对话框

极管 D1 的一个引脚通过网络标号"DIR+"与 AT89C51 单片机的 P2.0 引脚相连；黄色发光二极管 D2 的一个引脚通过网络标号"DIR−"与 AT89C51 单片机的 P2.1 引脚相连。

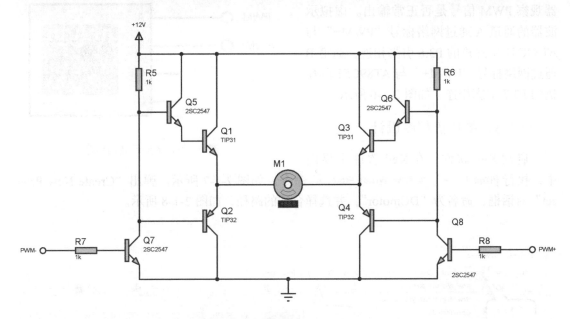

图 2-1-3　H 桥电动机驱动电路

　　独立按键电路用以控制直流电动机的转动方向和调节转速。独立按键电路主要由发光二极管和电阻组成，绘制出的电路如图 2-1-5 所示。独立按键 B4 用以控制直流电动机的转动方向；独立按键 B3 用以降低直流电动机的转速；独立按键 B2 用以提高直流电动机的转速。

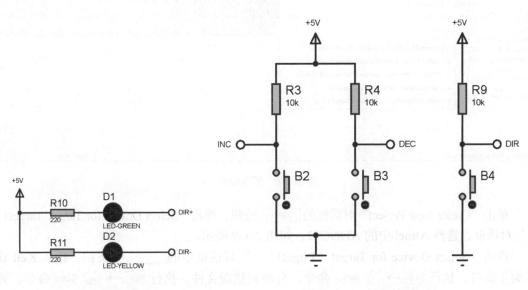

图 2-1-4　指示灯电路　　　　　　　　图 2-1-5　独立按键电路

将虚拟示波器放置在电路绘制界面中，用以测量 AT89C51 单片机的 P3.6 引脚和 P3.7 引脚的输出波形。从而可以通过虚拟示波器观察 PWM 信号是否正常输出。虚拟示波器的通道 A 通过网络标号"PWM-"与 AT89C51 单片机的 P3.6 引脚相连，通道 B 通过网络标号"PWM+"与 AT89C51 单片机的 P3.7 引脚相连，如图 2-1-6 所示。

2.1.3 单片机程序设计

启动 Keil 软件，在 Keil 软件主界面中，执行 Project → New μVision Project... 命令，如图 2-1-7 所示。弹出"Create New Project"对话框，命名为"DCmotor"，并选择合适的路径，如图 2-1-8 所示。

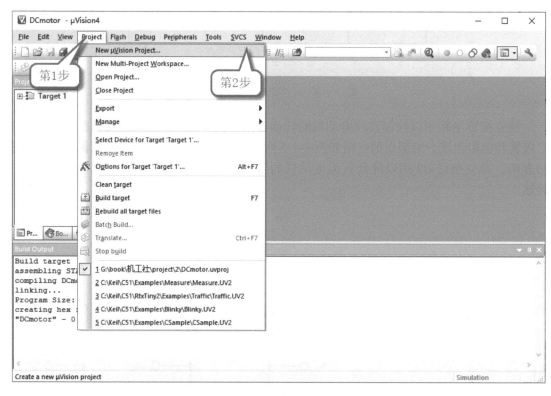

图 2-1-6　虚拟示波器电路

图 2-1-7　新建项目

单击"Create New Project"对话框的 保存(S) 按钮，弹出"Select Device for Target'Target1'..."对话框，选择 Atmel 中的 AT89C52，如图 2-1-9 所示。

单击"Select Device for Target'Target1'..."对话框中的 OK 按钮，进入 Keil 软件的主窗口，执行 File → New... 命令，自动创建新文件。执行 File → Save 命令，弹出"Save As"对话框，将其命名为"DCmotor.c"，保存在同一路径。

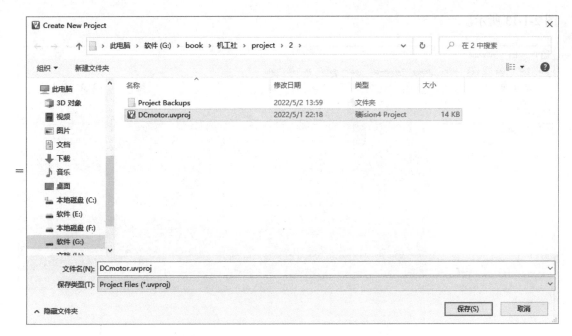

图 2-1-8 "Create New Project" 对话框

右键单击 Proteus 栏中 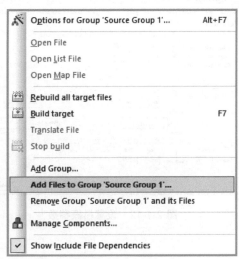 Source Group 1 ，弹出菜单如图 2-1-10 所示。单击弹出菜单中 Add Files to Group 'Source Group 1'... ，弹出 "Add Files Group 'Source Group1'..." 对话框，选择刚刚保存的 "DCmotor.c" 文件。单击 "Add Files Group 'Source Group1'..." 对话框中 Add 按钮，将创建的文件加入到工程项目中，如图 2-1-11 所示。

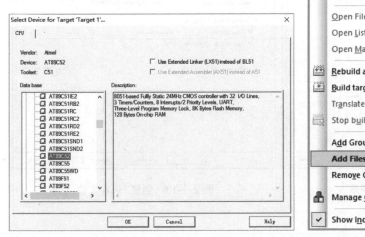

图 2-1-9 "Select Device for Target'Target1'..." 对话框

图 2-1-10 子菜单

单击 图标，弹出 "Options for Target'Target 1'" 对话框，单击 Target 栏，将晶振的工作频率设为 12MHz，如图 2-1-12 所示，单击 Output 栏，勾选 "Create HEX File"，如

图 2-1-13 所示。

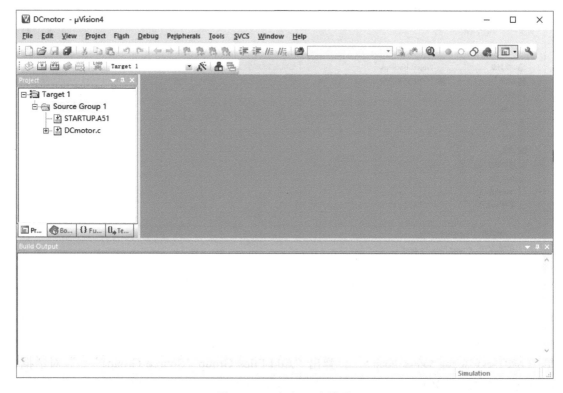

图 2-1-11　加入 C 文件后

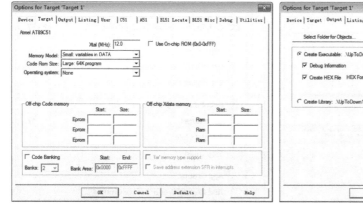

图 2-1-12　设置晶振参数

图 2-1-13　创建 HEX 文件

　　新建工程完毕后，在主窗口编写相关程序。定义单片机引脚：将单片机的 P3.4 引脚定义为 "Inc"；将单片机的 P3.5 引脚定义为 "Dec"；将单片机的 P3.6 引脚定义为 "PWMN"；将单片机的 P3.7 引脚定义为 "PWMP"；将单片机的 P0.0 引脚定义为 "Dir"；将单片机的 P2.0 引脚定义为 "DirF"；将单片机的 P2.1 引脚定义为 "DirB"。具体程序如下所示。

```
sbit Inc = P3^4;
sbit Dec = P3^5;
sbit PWMN = P3^6;
sbit PWMP = P3^7;
sbit Dir = P0^0;
sbit DirF = P2^0;
sbit DirB = P2^1;
```

主函数中循环程序如下所示，主要功能是根据独立按键的输入信号来控制直流电动机的速度和方向。本例中主函数中的循环程序，读者可以根据实际情况进行修改和选择合适的加速度。

```
while(1)
  { if(!Inc)//Increase speed
    {
      speed = speed + 1;
      if(speed >= 500)
        {
          speed = 500;
        }
    }
    if(!Dec)// Decrease speed
    {
      speed = speed - 1;
      if(speed <= 0)
        {
          speed = 0;
        }
    }
    if(Dir == 0)
      {
        delay(10);
        if(Dir == 0)
          {
            N++;
            if(N == 10)
              {
                N = 0;
```

```
                    }
                while(!Dir);
            }
        }
    if(N%2 == 1)
        {
        PWMN = 0;
        PWMP = 1;
        delay(speed);
        PWMP = 0;
        delay(500-speed);
        DirF = 0;
        DirB = 1;
        }
    else
        {
        PWMP = 0;
        PWMN = 1;
        delay(speed);
        PWMN = 0;
        delay(500-speed);
        DirF = 1;
        DirB = 0;
        }
    }
```

直流电动机调速电路的整体程序如下所示。

```
#include<reg51.h>
// Define pins
sbit Inc = P3^4;
sbit Dec = P3^5;
sbit PWMN = P3^6;
sbit PWMP = P3^7;
sbit Dir = P0^0;
sbit DirF = P2^0;
sbit DirB = P2^1;
// Define new types
```

```
typedef unsigned char   uchar;
typedef unsigned int    uint;
int speed;
int N;
void delay(uint);
void main(void)
 {
    // Select initial direction and speed.
    speed = 100;
    PWMP = 0;
    PWMN = 0;
    N = 0;
    DirF = 1;
    DirB = 1;
    // Main control loop
    while(1)
     { if(!Inc)//Increase speed
         {
           speed = speed + 1;
           if(speed >= 500)
             {
               speed = 500;
             }
         }
       if(!Dec)// Decrease speed
         {
           speed = speed - 1;
           if(speed <= 0)
             {
               speed = 0;
             }
         }
       if(Dir == 0)
         {
           delay(10);
           if(Dir == 0)
             {
               N++;
               if(N == 10)
```

```
                            {
                                N = 0;
                            }
                        while(!Dir);
                    }
                }
            if(N%2 == 1)
                {
                PWMN = 0;
                PWMP = 1;
                delay(speed);
                PWMP = 0;
                delay(500-speed);
                DirF = 0;
                DirB = 1;
                }
            else
                {
                PWMP = 0;
                PWMN = 1;
                delay(speed);
                PWMN = 0;
                delay(500-speed);
                DirF = 1;
                DirB = 0;
                }
            }
        }

    void delay(uint j)
        { for(; j>0; j--)
            {
                ;
            }
        }
```

执行 Project → Rebuild all target files 命令，编译成功后将输出 HEX 文件，"Build Output" 栏如图 2-1-14 所示。

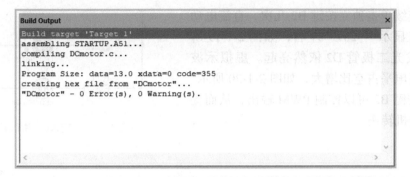

图 2-1-14 "Build Output" 栏

2.1.4 整体仿真测试

双击 AT89C51 单片机,弹出 "Edit Component" 对话框,将 2.1.3 节创建的 HEX 文件加载到 AT89C51 中,如图 2-1-15 所示。

执行 Debug → 🏃 Run Simulation 命令,运行直流电动机调速电路仿真。进入初始状态,直流电动机 M1 转速显示"−32.0"左右,如图 2-1-16 所示。黄色发光二极管 D2 亮起,如图 2-1-17 所示。虚拟示波器波形如图 2-1-18 所示。

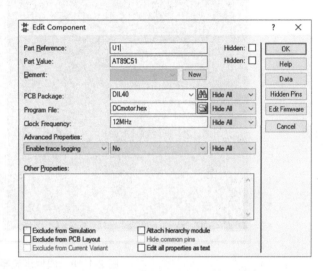

图 2-1-15 "Edit Component" 对话框

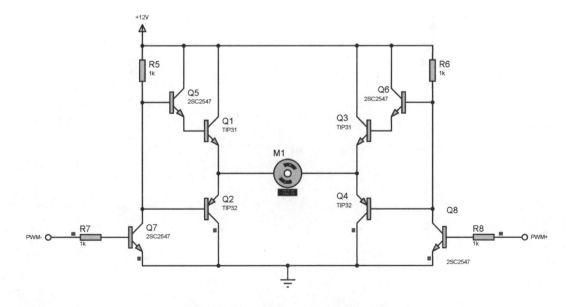

图 2-1-16 电动机驱动电路仿真结果 1

适当连续单击独立按键 B2 几次，直流电动机 M1 转速显示"−237"左右，如图 2-1-19 所示。黄色发光二极管 D2 依然亮起。虚拟示波器波形的高电平占空比增大，如图 2-1-20 所示。可见独立按键 B2 可以控制 PWM 输出，从而提高直流电动机转速。

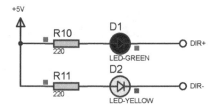

图 2-1-17　指示灯电路仿真结果 1

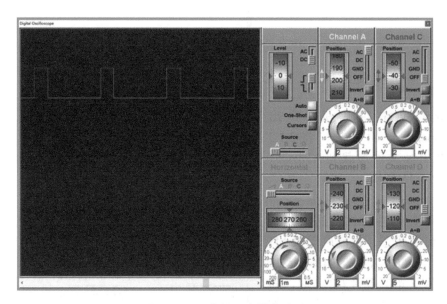

图 2-1-18　虚拟示波器波形 1

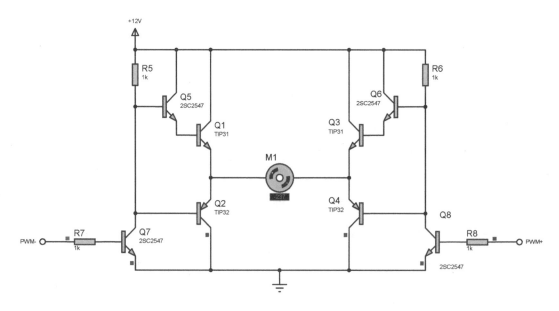

图 2-1-19　电动机驱动电路仿真结果 2

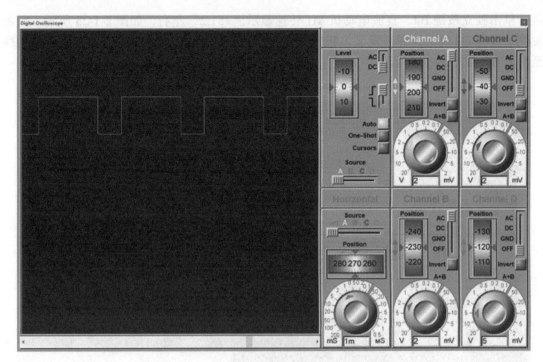

图 2-1-20 虚拟示波器波形 2

适当连续单击独立按键 B3 几次，直流电动机 M1 转速显示 "−51.3" 左右，如图 2-1-21 所示。黄色发光二极管 D2 依然亮起。虚拟示波器波形的高电平占空比缩小，如图 2-1-22 所示。可见独立按键 B3 可以控制 PWM 输出，从而降低直流电动机转速。

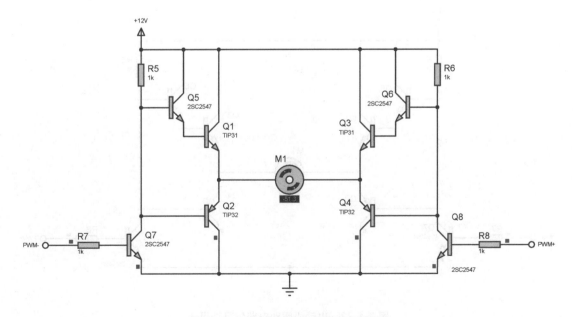

图 2-1-21 电动机驱动电路仿真结果 3

单击独立按键 B4，直流电动机 M1 转速显示"+51.2"左右，如图 2-1-23 所示。黄色发光二极管 D2 熄灭，绿色发光二极管 D1 亮起，如图 2-1-24 所示。虚拟示波器波形切换至通道 B，如图 2-1-25 所示。

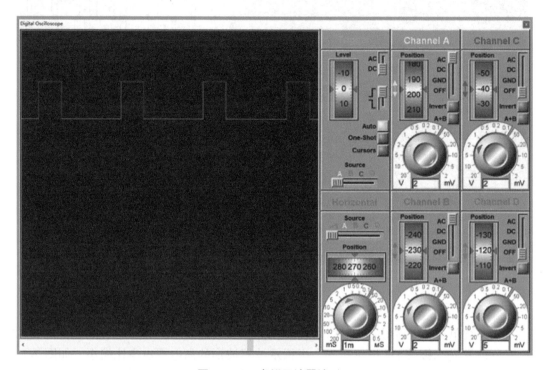

图 2-1-22　虚拟示波器波形 3

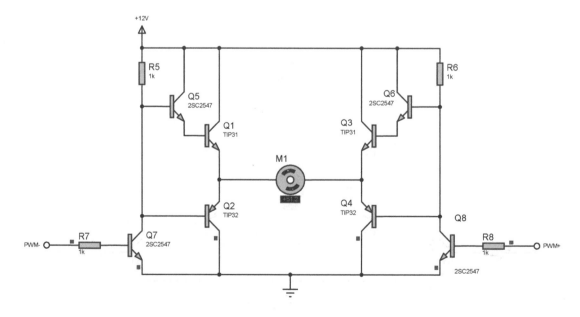

图 2-1-23　电动机驱动电路仿真结果 4

适当连续单击独立按键 B2 几次，直流电动机 M1 转速显示"+189"左右，如图 2-1-26 所示。绿色发光二极管 D1 依然亮起。虚拟示波器波形的高电平占空比增大，如图 2-1-27 所示。可见独立按键 B2 可以控制 PWM 输出，从而提高直流电动机转速。

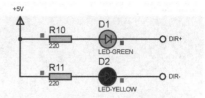

图 2-1-24　指示灯电路仿真结果 2

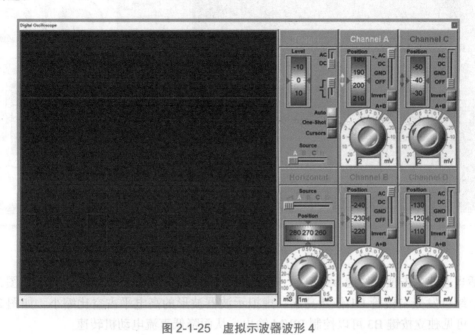

图 2-1-25　虚拟示波器波形 4

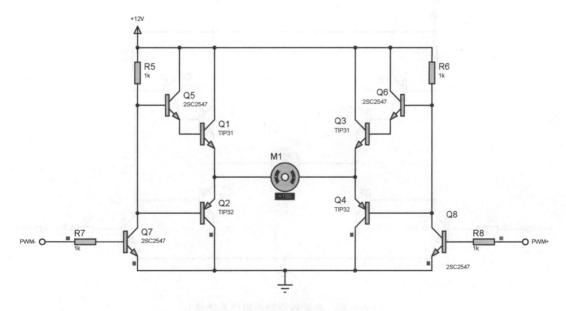

图 2-1-26　电动机驱动电路仿真结果 5

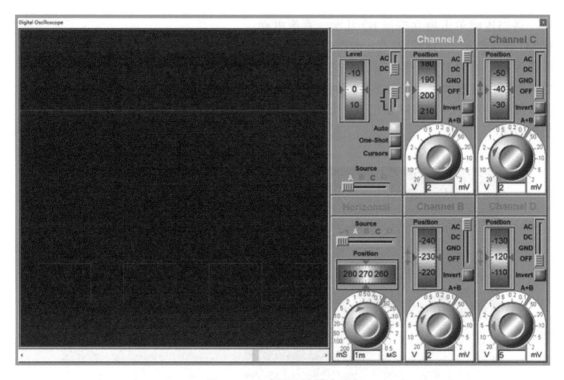

图 2-1-27　虚拟示波器波形 5

适当连续单击独立按键 B3 几次，直流电动机 M1 转速显示"+25.0"左右，如图 2-1-28 所示。绿色发光二极管 D1 依然亮起。虚拟示波器波形的高电平占空比缩小，如图 2-1-29 所示。可见独立按键 B3 可以控制 PWM 输出，从而降低直流电动机转速。

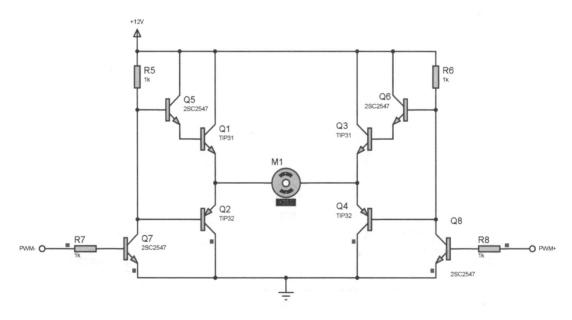

图 2-1-28　电动机驱动电路仿真结果 6

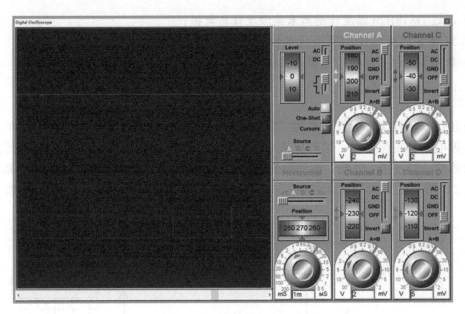

图 2-1-29　虚拟示波器波形 6

　　读者可以仿真直流电动机调速电路的其他状态。根据整体仿真结果，直流电动机调速电路基本满足设计要求。

☞ 小提示

◎ 扫描右侧二维码可观看直流电动机调速电路仿真小视频。

2.1.5　设计总结

　　直流电动机调速电路由单片机最小系统电路、电动机驱动电路、独立按键电路和指示灯电路等组成，其设计基本满足要求。本实例的硬件电路中未加入转速等级显示电路，读者可以根据实际情况加入适当的指示灯电路，以便指示直流电动机的转速。本实例的程序中未加入任何算法，读者可以根据实际情况加入适当的算法，以便直流电机转速调节的更为平稳。

2.2　温度信息采集电路仿真

2.2.1　总体要求

　　本例将讲解如何利用 51 单片机采集温度信息并由数码管显示出来。温度信息采集电路硬件系统主要包括单片机最小系统电路、温度传感器电路和数码管电路等。本例温度信息采集电路主要设计要求如下：

☺ 通过 DS18B20 温度传感器采集温度信息数据；
☺ 51 单片机处理 DS18B20 温度传感器所输入的数据；
☺ 数码管电路可以实时显示温度信息。

2.2.2　硬件电路设计

新建仿真工程文件，并命名为"Temperature"。单片机最小系统电路包含了单片机电路、晶振电路和复位电路。单片机最小系统电路主要作用是处理 DS18B20 温度传感器所输入的数据，经过加工处理，驱动数码管显示实时温度值。绘制出的单片机最小系统电路如图 2-2-1 所示。双击晶振元件，将 Frequency 参数设置为"12MHz"，其他参数为默认设置。

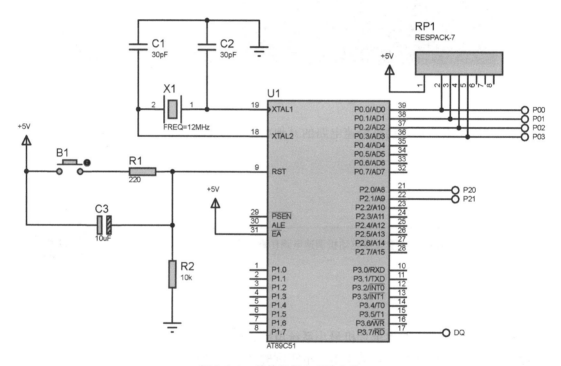

图 2-2-1　单片机最小系统电路

本例中的 DS18B20 温度传感器电路可以采集温度信息。在 Proteus 软件中绘制出的 DS18B20 温度传感器电路如图 2-2-2 所示，DS18B20 温度传感器电路主要由 DS18B20 温度传感器和电阻等元件组成。温度传感器 U2 的引脚 2 通过网络标号"DQ"与 AT89C51 单片机的 P3.7 引脚相连。

本例中的数码管显示电路可以实时显示温度信息。在 Proteus 软件中绘制出的数码管显示电路如图 2-2-3 所示，数码管显示电路主要由 2 位数码管、74LS47 芯片、三极管和电阻等元件组成。电

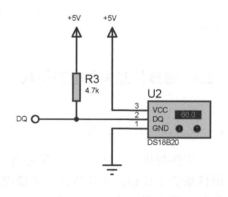

图 2-2-2　DS18B20 温度传感器电路

阻 R2 的一个引脚通过网络标号"P20"与 AT89C51 单片机的 P2.0 引脚相连；电阻 R5 的一个引脚通过网络标号"P21"与 AT89C51 单片机的 P2.1 引脚相连；74LS47 芯片的引脚 A 通过网络标号"P00"与 AT89C51 单片机的 P0.0 引脚相连；74LS47 芯片的引脚 B 通过网络标号"P01"与 AT89C51 单片机的 P0.1 引脚相连；74LS47 芯片的引脚 C 通过网络标号"P02"与 AT89C51 单片机的 P0.2 引脚相连；74LS47 芯片的引脚 D 通过网络标号"P03"与 AT89C51 单片机的 P0.3 引脚相连。

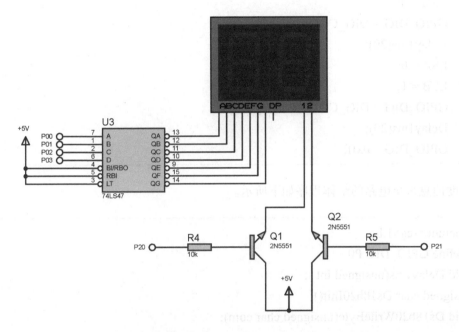

图 2-2-3　数码管显示电路

2.2.3　单片机程序设计

启动 Keil 软件，在 Keil 软件主界面中，新建工程，命名为"Temperature"，并选择合适的路径。

新建工程完毕后，在主窗口编写相关程序。定义单片机引脚：将单片机的 P3.7 引脚定义为"DSPORT"；将单片机的 P0 引脚定义为"GPIO_DIG"；将单片机的 P2.0 引脚定义为"LSA"；将单片机的 P2.1 引脚定义为"LSB"。具体程序如下所示。

```
sbit LSA=P2^0;
sbit LSB=P2^1;
sbit DSPORT=P3^7;
#define GPIO_DIG P0
```

主函数中循环程序如下所示，主要功能是处理温度传感器所采集的数据，并驱动数码管对温度值进行显示。

```
tp = Ds18b20ReadTemp();
temp=tp*0.0625*100+0.5;
temp1 = temp % 10000 / 1000;
temp2 = temp % 1000 / 100;
LSA = 1;
LSB = 0;
GPIO_DIG = DIG_CODE[temp1];
Delay1ms(20);
LSA = 0;
LSB = 1;
GPIO_DIG = DIG_CODE[temp2];
Delay1ms(20);
GPIO_DIG = 0xff;
```

温度信息采集电路的整体程序如下所示。

```
#include<reg51.h>
#define GPIO_DIG P0
void Delay1ms(unsigned int );
unsigned char Ds18b20Init();
void Ds18b20WriteByte(unsigned char com);
unsigned char Ds18b20ReadByte();
void Ds18b20ChangTemp();
void Ds18b20ReadTempCom();
int Ds18b20ReadTemp();
unsigned char code DIG_CODE[10]={0x00,0x01,0x02,0x03,0x04,0x05,0x06,0x07,0x08,
0x09};
sbit LSA=P2^0;
sbit LSB=P2^1;
sbit DSPORT=P3^7;
void main()
{
    unsigned int temp;
    unsigned int temp1;
    unsigned int temp2;
    unsigned int tp;
    temp = 0;
    temp1 = 0;
```

```
        temp2 = 0;
        while(1)
        {
          tp = Ds18b20ReadTemp();
          temp=tp*0.0625*100+0.5;
          temp1 = temp % 10000 / 1000;
          temp2 = temp % 1000 / 100;
          LSA = 1;
          LSB = 0;
          GPIO_DIG = DIG_CODE[temp1];
          Delay1ms(20);
          LSA = 0;
          LSB = 1;
          GPIO_DIG = DIG_CODE[temp2];
          Delay1ms(20);
          GPIO_DIG = 0xff;
        }
}

void Delay1ms(unsigned int y)
{
    unsigned int x;
    for(y;y>0;y--)
            for(x=110;x>0;x--);
}

unsigned char Ds18b20Init()
{
    unsigned int i;
    DSPORT=0;                    // 将总线拉低 480 ~ 960μs
    i=70;
    while(i--);// 延时 642μs
    DSPORT=1;                    // 然后拉高总线, 如果 DS18B20 做出反应会将在
                                 //   15~60μs 后总线拉低
    i=0;
    while(DSPORT)                // 等待 DS18B20 拉低总线
    {
            i++;
```

```
                if(i>5000)// 等待 >5ms
                    return 0;// 初始化失败
    }
    return 1;// 初始化成功
}



void Ds18b20WriteByte(unsigned char dat)
{
    unsigned int i,j;
    for(j=0;j<8;j++)
    {
        DSPORT=0;                        // 每写入一位数据之前先把总线拉低 1μs
        i++;
        DSPORT=dat&0x01; // 然后写入一个数据，从最低位开始
        i=6;
        while(i--); // 延时 68μs，持续时间最少 60μs
        DSPORT=1;     // 然后释放总线，至少 1μs 给总线恢复时间才能接着写入第
                      二个数值
        dat>>=1;
    }
}


unsigned char Ds18b20ReadByte()
{
    unsigned char byte,bi;
    unsigned int i,j;
    for(j=8;j>0;j--)
    {
        DSPORT=0;// 先将总线拉低 1μs
        i++;
        DSPORT=1;// 然后释放总线
        i++;
        i++;// 延时 6μs 等待数据稳定
        bi=DSPORT;    // 读取数据，从最低位开始读取
        /* 将 byte 左移一位，然后与上右移 7 位后的 bi，注意移动之后移掉那位补 0。*/
        byte=(byte>>1)|(bi<<7);
        i=4;              // 读取完之后等待 48μs 再接着读取下一个数
```

```
            while(i--);
    }
    return byte;
}

void  Ds18b20ChangTemp()
{
    Ds18b20Init();
    Delay1ms(1);
    Ds18b20WriteByte(0xcc);              // 跳过 ROM 操作命令
    Ds18b20WriteByte(0x44);              // 温度转换命令
}

void  Ds18b20ReadTempCom()
{
    Ds18b20Init();
    Delay1ms(1);
    Ds18b20WriteByte(0xcc);              // 跳过 ROM 操作命令
    Ds18b20WriteByte(0xbe);              // 发送读取温度命令
}

int Ds18b20ReadTemp()
{
    int temp=0;
    unsigned char tmh,tml;
    Ds18b20ChangTemp();                       // 先写入转换命令
    Ds18b20ReadTempCom();                     // 然后等待转换完后发送读取温度命令
    tml=Ds18b20ReadByte();                // 读取温度值共 16 位，先读低字节
    tmh=Ds18b20ReadByte();                // 再读高字节
    temp=tmh;
    temp<<=8;
    temp|=tml;
    return temp;
}
```

执行 Project → ▦ Rebuild all target files 命令，编译成功后将输出 HEX 文件，"Build Output"栏如图 2-2-4 所示。

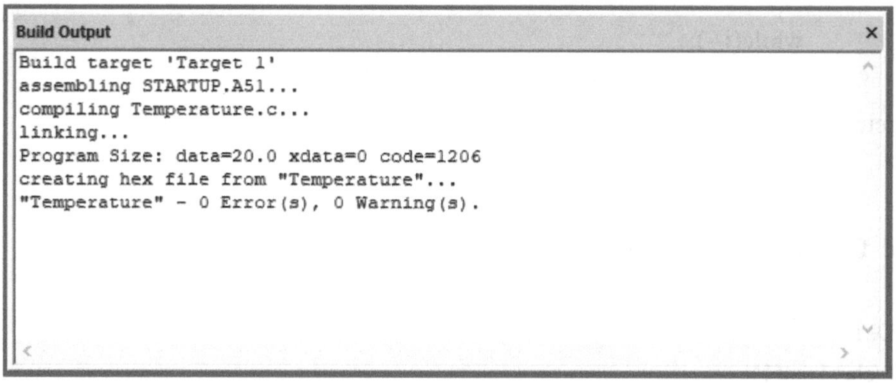

图 2-2-4 "Build Output" 栏

2.2.4 整体仿真测试

双击 AT89C51 单片机，弹出 "Edit Component" 对话框，将 2.2.3 小节创建的 HEX 文件加载到 AT89C51 中，如图 2-2-5 所示。

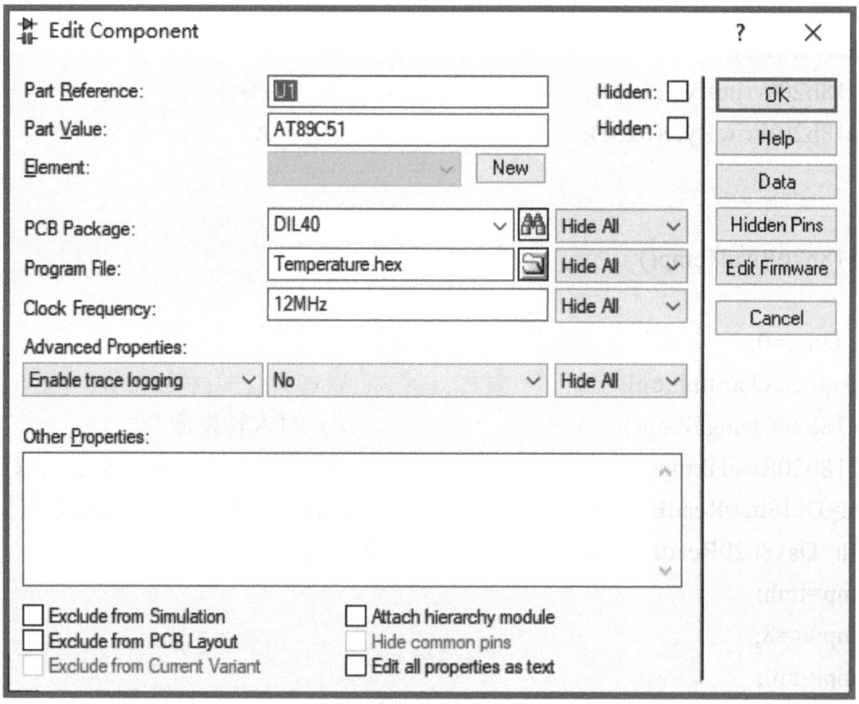

图 2-2-5 "Edit Component" 对话框

执行 Debug → 🐾 Run Simulation 命令，运行温度信息采集电路仿真。进入初始状态，DS18B20 温度传感器初始设置为 "67"，数码管显示为 "67"，如图 2-2-6 所示。

单击 DS18B20 温度传感器上的温度模拟调节按钮，将 DS18B20 温度传感器的温度值设置为 "80"，以此来模拟环境温度为 "80"，此时数码管显示为 "80"，如图 2-2-7 所示。

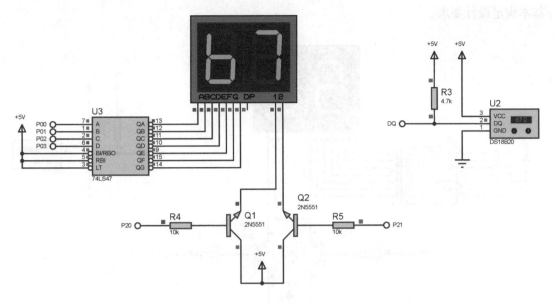

图 2-2-6　仿真结果 1

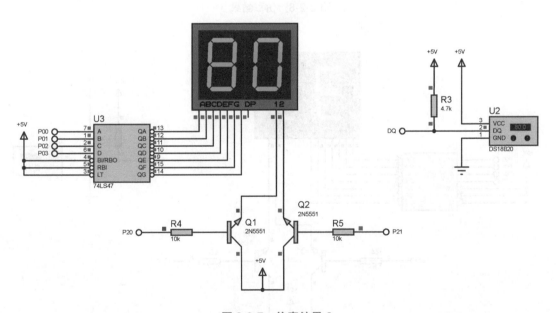

图 2-2-7　仿真结果 2

　　单击 DS18B20 温度传感器上的温度模拟调节按钮，将 DS18B20 温度传感器的温度值设置为"50"，以此来模拟环境温度为"50"，此时数码管显示为"50"，如图 2-2-8 所示。

　　单击 DS18B20 温度传感器上的温度模拟调节按钮，将 DS18B20 温度传感器的温度值设置为"50"，以此来模拟环境温度为"33"，此时数码管显示为"33"，如图 2-2-9 所示。

　　单击 DS18B20 温度传感器上的温度模拟调节按钮，反复调节 DS18B20 温度传感器的温度值，以模拟环境温度反复变换，用此来观察数码管显示是否实时变化。

　　读者可以仿真温度信息采集电路的其他状态。根据整体仿真结果，温度信息采集电路基本满足设计要求。

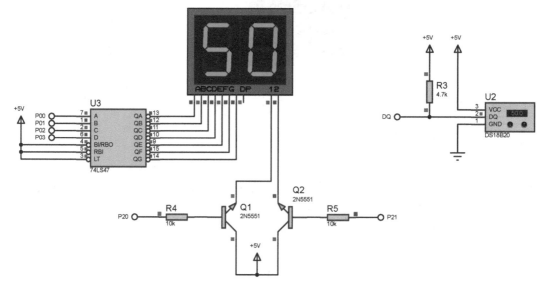

图 2-2-8　仿真结果 3

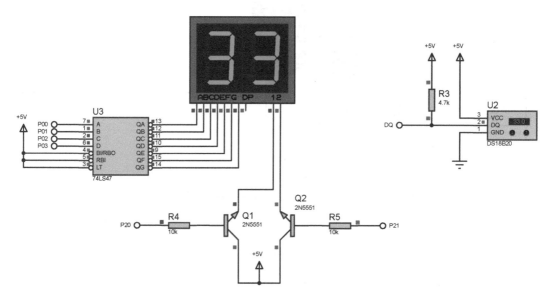

图 2-2-9　仿真结果 4

👉 **小提示**

◎ 扫描右侧二维码可观看温度信息采集电路电路仿真小视频。

2.2.5　设计总结

　　温度信息采集电路由单片机最小系统电路、温度传感器电路和数码管电路等组成，其设计基本满足要求。本实例的硬件电路中只有 1 个温度传感器，读者可以根据实际情况加入多个温度传感器，以达到多点测量温度值的目的。本实例温度传感器采用的是 DS18B20 温度传感器，读者可以更换为其他的温度传感器，比如热敏电阻。本实例显示模块选用了数码管，读者可以根据实际情况选用 LCD1602 显示屏，以便显示更多的信息。

▼第3章

PIC 系列单片机仿真实例

3.1 简易计算器电路仿真

3.1.1 总体要求

本例将讲解如何利用 PIC 单片机进行简单的数值运算。简易计算器电路硬件系统主要包括单片机最小系统电路、矩阵键盘电路和 LCD 显示屏电路等。本例简易计算器电路主要设计要求如下：

- ☺ 可以通过矩阵键盘输入数值；
- ☺ 可以通过 LCD 显示屏显示输入的数值；
- ☺ 可以通过 LCD 显示屏显示计算后的结果；
- ☺ 可以进行乘法运算；
- ☺ 可以进行除法运算；
- ☺ 可以进行加法运算；
- ☺ 可以进行减法运算。

3.1.2 硬件电路设计

新建仿真工程文件，并命名为"Calculator"。单片机最小系统电路包含了单片机电路、晶振电路和复位电路。其中电路的主要作用是将矩阵键盘电路输入的数值和运算符号进行加工处理并根据数据处理结果去驱动 LCD 显示屏电路。绘制出的单片机最小系统电路如图 3-1-1 所示。双击 PIC 单片机元件，弹出"Edit Component"对话框，参数设置如图 3-1-2 所示，参数设置完毕后，单击"Edit Component"对话框中的 ▭ OK ▭ 按钮。

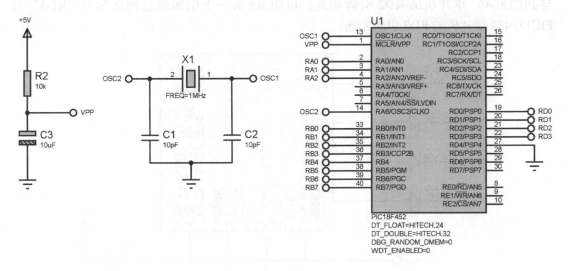

图 3-1-1　单片机最小系统电路

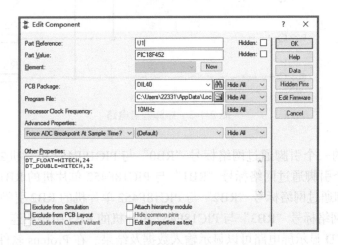

图 3-1-2　"Edit Component" 对话框

👉 小提示

> ◎ PIC18F452 单片机中的网络标号在后小章节具有讲解。
>
> ◎ 在元件库中搜索"PIC18F452"关键字，即可找到 PIC18F452 单片机。

　　本例中的矩阵键盘电路可以输入"1""2""3""4""5""6""7""8""9""0""+""−""×"
"÷"和"="。在 Proteus 软件中绘制出的矩阵键盘电路如图 3-1-3 所示。矩阵键盘
电路主要由矩阵键盘、二极管和电阻等元器件组成。电阻 R1 的一个引脚通过网络标
号"RD0"与 PIC18F452 单片机的 RD0 引脚相连；电阻 R3 的一个引脚通过网络标号

"RD1"与 PIC18F452 单片机的 RD1 引脚相连；电阻 R4 的一个引脚通过网络标号"RD2"与 PIC18F452 单片机的 RD2 引脚相连；电阻 R5 的一个引脚通过网络标号"RD3"与 PIC18F452 单片机的 RD3 引脚相连。

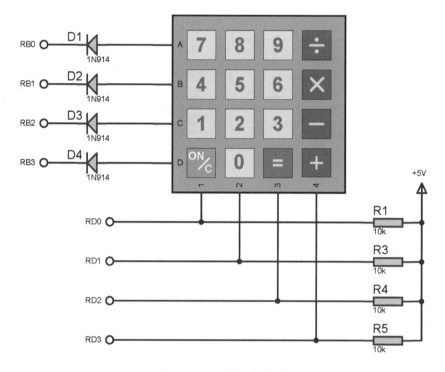

图 3-1-3　矩阵键盘电路

　　二极管 D1 的一个引脚通过网络标号"RB0"与 PIC18F452 单片机的 RB0 引脚相连；二极管 D2 的一个引脚通过网络标号"RB1"与 PIC18F452 单片机的 RB1 引脚相连；二极管 D3 的一个引脚通过网络标号"RB2"与 PIC18F452 单片机的 RB2 引脚相连；二极管 D4 的一个引脚通过网络标号"RB3"与 PIC18F452 单片机的 RB3 引脚相连。

　　本例中的 LCD 显示屏电路可以显示输入数据及结果。在 Proteus 软件中绘制出的 LCD 显示屏电路如图 3-1-4 所示。LCD 元件的引脚 4 通过网络标号"RA0"与 PIC18F452 单片机的 RA0 引脚相连；引脚 5 通过网络标号"RA1"与 PIC18F452 单片机的 RA1 引脚相连；引脚 6 通过网络标号"RA2"与 PIC18F452 单片机的 RA2 引脚相连；引脚 7 通过网络标号"RB0"与 PIC18F452 单片机的 RB0 引脚相连；引脚 8 通过网络标号"RB1"与 PIC18F452 单片机的 RB1 引脚相连；引脚 9 通过网络标号"RB2"与 PIC18F452 单片机的 RB2 引脚相连；引脚 10 通过网络标号"RB3"与 PIC18F452 单片机的 RB3 引脚相连；引脚 11 通过网络标号"RB4"与 PIC18F452 单片机的 RB4 引脚相连；引脚 12 通过网络标号"RB5"与 PIC18F452 单片机的 RB5 引脚相连；引脚 13 通过网络标号"RB6"与 PIC18F452 单片机的 RB6 引脚相连；引脚 14 通过网络标号"RB7"与 PIC18F452 单片机的 RB7 引脚相连。

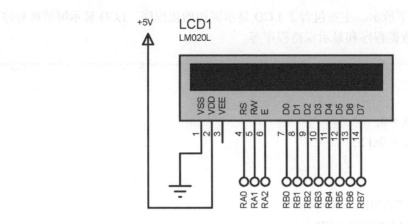

图 3-1-4 LCD 显示屏电路

3.1.3 单片机程序设计

在 Proteus 的电路绘制界面中，右键单击 PIC18F452 元件，弹出子菜单，单击 Edit Source Code 选项，即可进入程序编译界面，具体操作步骤图 3-1-5 所示。简易计算器电路程序主要分为两大部分。

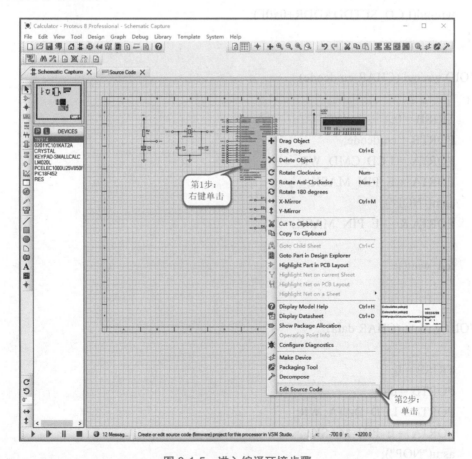

图 3-1-5 进入编译环境步骤

　　LCD 显示程序如下所示。主要包含了 LCD 显示屏初始化程序、LCD 显示屏清屏程序、写入命令程序、写入数据程序和显示保持程序等。

```
VOID lcd_init ()
{
 PORTA = TRISA = 0;
 TRISB = PORTB = 0xFF;
 ADCON1 = 7;
 wrcmd(0x30);
 wrcmd(LCD_SETVISIBLE+0x04);
 wrcmd(LCD_SETMODE+0x03);
 wrcmd(LCD_SETDDADDR+0x0F);
}

VOID clearscreen ()
{
    wrcmd(LCD_CLS);
    wrcmd(LCD_SETDDADDR+0x0F);
}

VOID wrcmd (CHAR cmdcode)
{
    TRISB = 0;
    PORTB = cmdcode;
    PORTA = LCD_CMD_WR;
    PORTA |= E_PIN_MASK;
    asm("NOP");
    PORTA &= ~E_PIN_MASK;

    lcd_wait();
}

VOID wrdata (CHAR data)
{
    TRISB = 0;
    PORTB = data;
    PORTA = LCD_DATA_WR;
    PORTA |= E_PIN_MASK;
    asm("NOP");
```

```
        PORTA &= ~E_PIN_MASK;
        lcd_wait();
    }

VOID lcd_wait ()
  {BYTE status;
   TRISB = 0xFF;
   PORTA = LCD_BUSY_RD;
   do
    {PORTA |= E_PIN_MASK;
      asm("NOP");
      status = PORTB;
      PORTA &= ~E_PIN_MASK;
    } while (status & 0x80);
  }
```

矩阵键盘程序如下所示。主要功能是读取矩阵键盘所输入的数值。

```
CHAR keypadread()
  {
      CHAR key = scankeypad();
      if (key)
          while (scankeypad() != 0)
          ;
      return key;
  }

CHAR scankeypad()
  {
      INT8 row,col,tmp;
      CHAR key=0;
      INT wait;
      ADCON1 = 6;
      TRISD = PORTB = 0xFF;
      TRISB = 0;
      for (row=0; row < KEYP_NUM_ROWS; row++)
        {
            PORTB = ~(1 << row);
```

```
        for (wait=0; wait<100; ++wait)
            ;
    tmp = PORTD;
    for (col=0; col<KEYP_NUM_COLS; ++col)
        if ((tmp & (1<<col)) == 0)
          {INT8 idx = (row*KEYP_NUM_COLS) + col;
            key = keycodes[idx];
            goto DONE;
          }
    }
    DONE:
    TRISB = 0xFF;
    return key;
}
```

简易计算器电路的整体程序如下所示。

```
#include "stdio.h"
#include "math.h"
#include "stdlib.h"
#include "pic18.h"

typedef void VOID;
typedef int     INT;
typedef signed char INT8;
typedef signed int    INT16;
typedef signed long INT32;
typedef unsigned short WORD;
typedef char CHAR;
typedef unsigned char BYTE;
typedef double FLOAT;
typedef long LONG;
typedef INT8 BOOL;

#define MAX_DISPLAY_CHAR 10
#define KEYP_NUM_ROWS 4
#define KEYP_NUM_COLS 4
#define LCD_CMD_WR        0x00
```

```
#define LCD_DATA_WR        0x01
#define LCD_BUSY_RD        0x02
#define LCD_DATA_RD        0x03
#define LCD_CLS            0x01
#define LCD_HOME       0x02
#define LCD_SETMODE        0x04
#define LCD_SETVISIBLE  0x08
#define LCD_SHIFT          0x10
#define LCD_SETFUNCTION         0x20
#define LCD_SETCGADDR           0x40
#define LCD_SETDDADDR           0x80
#define E_PIN_MASK              0x04
#define FALSE 0
#define TRUE  1


enum ERROR { OK = 0, SLEEP = 1, ERROR = 2};
VOID calc_evaluate();
CHAR calc_getkey (VOID);
VOID calc_format (FLOAT f);
VOID calc_display (const CHAR *buf);
VOID calc_opfunctions (CHAR token);
BOOL  calc_testkey     (CHAR ch);
VOID  calc_output      (INT status);
CHAR keypadread();
CHAR scankeypad();
VOID lcd_init();
VOID lcd_wait();
VOID wrcmd (CHAR data);
VOID wrdata(CHAR data);
VOID clearscreen();

static FLOAT lvalue = 0;
static FLOAT rvalue = 0;
static CHAR lastop;
CHAR keycodes[16] = {'7', '8', '9', '/', '4', '5', '6', '*', '1', '2', '3', '-', '.', '0', '=', '+'};


VOID main (VOID)
  {
```

```
        lcd_init();
        calc_evaluate();
    }

VOID calc_evaluate()
    {
        CHAR number[MAX_DISPLAY_CHAR+1], key;
        INT8 pos;
        FLOAT tmp;
        lvalue = 0;
        rvalue = 0;
        lastop = 0;
        calc_format(0);
        pos = 0;

        for (;;)
    {key = calc_getkey();
        if (calc_testkey(key))
        {
            if (pos != MAX_DISPLAY_CHAR - 2)
            {
        number[pos++] = key;
            number[pos] = 0;
            calc_display(number);
            }
        }
    else
    {
        if (pos != 0)
        {
        tmp = atof(number);
            if (lastop == 0)
                lvalue = tmp;
            else
                rvalue = tmp;
        }

        pos = 0;
        if (lastop != 0)
```

```
        calc_opfunctions(lastop);
    if (key != '=')
        lastop = key;
    else
        lastop = 0;
    }
  }
}


VOID calc_opfunctions (CHAR token)
 {INT8 result = OK;
    switch (token)
    {case '+' : lvalue += rvalue; break;
      case '-' : lvalue -= rvalue; break;
      case '*' : lvalue *= rvalue; break;
      case '/' :
          if (rvalue != 0)
              lvalue /= rvalue;
          else
              result = ERROR;
          break;
    }

    if (result == OK)
        calc_format(lvalue);
    else if (result == ERROR)
        calc_display("*ERROR*");
 }

VOID calc_format (FLOAT f)
 {static const FLOAT divisors[] =
    {100000000,
        10000000,
        1000000,
        100000,
        10000,
        1000,
        100,
```

```
            10,
      1,
        0.1,
        0.01,
        0.001,
        0.0001,
        0
  };
CHAR dbuf [MAX_DISPLAY_CHAR+1];
FLOAT divisor, tmp;
INT count = 0, digit;
INT pad=0, p=0;
if (f >= 0)
    dbuf[p++] = ' ';
else
 {dbuf[p++] = '-';
   f = -f;
 }
if (f >= divisors[0])
  dbuf[p++] = 'E';
else
  while (p < MAX_DISPLAY_CHAR && ((divisor=divisors[count++]) >= 1 || f > 0.0001))
   {
     digit = (int)(f/divisor+0.05);
     if (divisor > 0.09 && divisor < 0.11)
        dbuf[p++] = '.';
     if (digit != 0 || divisor < 10)
     {dbuf[p++] = digit + '0';
       pad = TRUE;
     }
     else if (pad)
        dbuf[p++] = '0';
        tmp = digit*divisor;
     f-= tmp;
   }
  dbuf[p] = 0;
  calc_display(dbuf);
}
```

```
BOOL calc_testkey (CHAR key)
  {
    if ((key == '.')|| ((key >= '0') && (key <= '9')))
        return TRUE;
    else
        return FALSE;
  }

CHAR calc_getkey (VOID)
{
    CHAR mykey;
    while ((mykey = keypadread()) == 0x00)
    ;
    return mykey;
}

VOID calc_display (const CHAR *buf)
  {
    INT8 i;
    clearscreen();
    for (i=0 ; buf[i] != 0; i++)
        {wrdata(buf[i]); }
}

CHAR keypadread()
  {
    CHAR key = scankeypad();
    if (key)
        while (scankeypad() != 0)
        ;
    return key;
  }

CHAR scankeypad()
  {
    INT8 row,col,tmp;
    CHAR key=0;
```

```
    INT wait;
    ADCON1 = 6;
    TRISD = PORTB = 0xFF;
    TRISB = 0;
    for (row=0; row < KEYP_NUM_ROWS; row++)
     {
       PORTB = ~(1 << row);
       for (wait=0; wait<100; ++wait)
          ;
       tmp = PORTD;
       for (col=0; col<KEYP_NUM_COLS; ++col)
          if ((tmp & (1<<col)) == 0)
          { INT8 idx = (row*KEYP_NUM_COLS) + col;
            key = keycodes[idx];
            goto DONE;
          }
     }
  DONE:
  TRISB = 0xFF;
  return key;
}

VOID lcd_init ()
 {
    PORTA = TRISA = 0;
    TRISB = PORTB = 0xFF;
    ADCON1 = 7;
    wrcmd(0x30);
    wrcmd(LCD_SETVISIBLE+0x04);
    wrcmd(LCD_SETMODE+0x03);
    wrcmd(LCD_SETDDADDR+0x0F);
 }

VOID clearscreen ()
 {
    wrcmd(LCD_CLS);
    wrcmd(LCD_SETDDADDR+0x0F);
 }
```

```
VOID wrcmd (CHAR cmdcode)
{
    TRISB = 0;
    PORTB = cmdcode;
    PORTA = LCD_CMD_WR;
    PORTA |= E_PIN_MASK;
    asm("NOP");
    PORTA &= ~E_PIN_MASK;

    lcd_wait();
}

VOID wrdata (CHAR data)
{
    TRISB = 0;
    PORTB = data;
    PORTA = LCD_DATA_WR;
    PORTA |= E_PIN_MASK;
    asm("NOP");
    PORTA &= ~E_PIN_MASK;
    lcd_wait();
}

VOID lcd_wait ()
{BYTE status;
    TRISB = 0xFF;
    PORTA = LCD_BUSY_RD;
    do
    {PORTA |= E_PIN_MASK;
        asm("NOP");
        status = PORTB;
        PORTA &= ~E_PIN_MASK;
    }while (status & 0x80);
}
```

右键单击 📂 PIC18F452(U1)，弹出子菜单，单击 🔄 Rebuild Project 选项，即可进入程序编译界面，具体操作步骤如图 3-1-6 所示，执行后，"VSM studio output"会输出编译信息。编译完成后，如图 3-1-7 所示。

图 3-1-6　编译程序

图 3-1-7　编译完成后

3.1.4　整体仿真测试

执行 Debug → 🐾 Run Simulation 命令，运行简易计算器电路仿真。进入初始状态，如图 3-1-8 所示。

模拟计算"100+200"，先输入第一个加数"100"，显示屏如图 3-1-9 所示。再输入加号"+"，显示屏显示不改变。然后输入第二个加数"200"，显示屏如图 3-1-10 所示。最后输入"="，显示屏如图 3-1-11 所示。

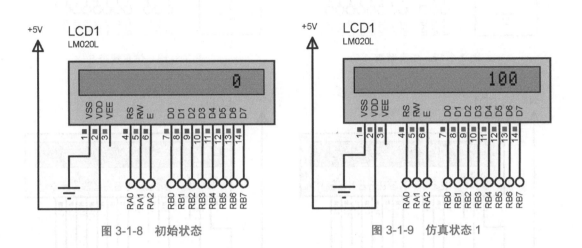

图 3-1-8　初始状态　　　　　　　　　图 3-1-9　仿真状态 1

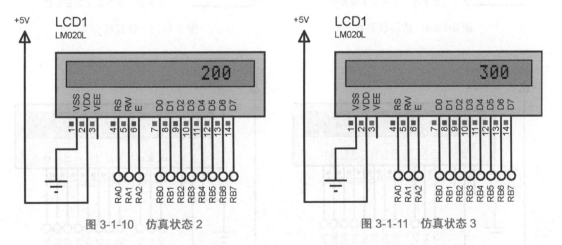

图 3-1-10　仿真状态 2　　　　　　　图 3-1-11　仿真状态 3

模拟计算"33-22"，先输入被减数"33"，显示屏如图 3-1-12 所示。再输入减号"−"，显示屏显示不改变。然后输入减数"22"，显示屏如图 3-1-13 所示。最后输入"="，显示屏如图 3-1-14 所示。

模拟计算"6×5"，先输入被乘数"6"，显示屏如图 3-1-15 所示。再输入乘号"×"，显示屏显示不改变。然后输入乘数"5"，显示屏如图 3-1-16 所示。最后输入"="，显示屏如图 3-1-17 所示。

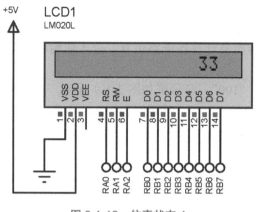

图 3-1-12　仿真状态 4

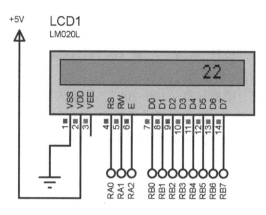

图 3-1-13　仿真状态 5

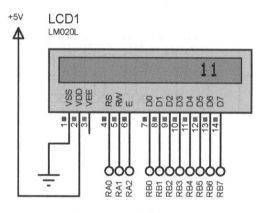

图 3-1-14　仿真状态 6

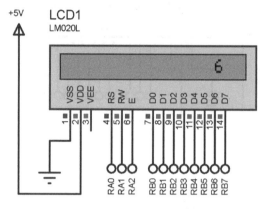

图 3-1-15　仿真状态 7

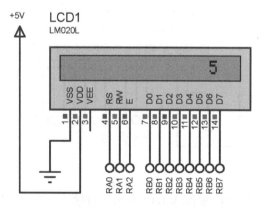

图 3-1-16　仿真状态 8

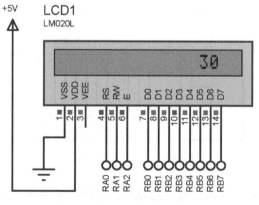

图 3-1-17　仿真状态 9

　　模拟计算 "10 ÷ 3"，先输入被除数 "10"，显示屏如图 3-1-18 所示。再输入除号 " ÷ "，显示屏显示不改变。然后输入除数 "3"，显示屏如图 3-1-19 所示。最后输入 "="，显示屏如图 3-1-20 所示。

　　读者可以仿真简易计算器电路的其他状态。根据整体仿真结果，简易计算器电路基本满足设计要求。

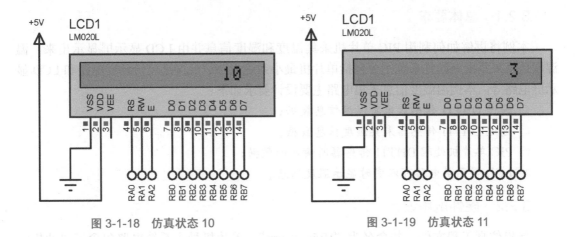

图 3-1-18　仿真状态 10　　　　　　　　图 3-1-19　仿真状态 11

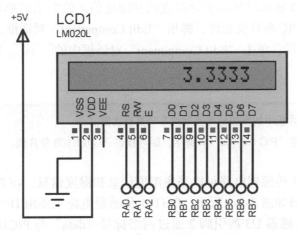

图 3-1-20　仿真状态 12

☞ **小提示**

◎ 扫描右侧二维码可观看简易计算器电路仿真小视频。

3.1.5　设计总结

简易计算器电路由单片机最小系统电路、矩阵键盘电路和 LCD 显示屏电路等组成，其设计基本满足要求。本例计算精度有限，读者可以提升其精度。本例只可以计算正数的加减乘除运算，读者可以加入负数的运算。本例显示屏型号选择 "LM020L"，只能显示一行数据，读者也可以选择多行显示数据的显示屏，比如 LCD1602 和 LCD12864。

3.2 温湿度信息采集电路仿真

3.2.1 总体要求

本例将讲解如何利用 PIC 单片机采集温度和湿度信息并由 LCD 显示屏显示出来。温湿度信息采集电路硬件系统主要包括单片机最小系统电路、温湿度度传感器电路和 LCD 显示屏电路等。本例温湿度信息采集电路主要设计要求如下：

☺ 通过 DHT11 传感器采集温度信息数据；

☺ 通过 DHT11 传感器采集湿度信息数据；

☺ PIC 单片机处理 DHT11 传感器所输入的数据；

☺ LCD 显示屏电路可以实时显示温度信息。

3.2.2 硬件电路设计

新建仿真工程文件，并命名为"Hygrotherm"。单片机最小系统电路包含了单片机电路、晶振电路。单片机最小系统电路主要作用是处理 DHT11 传感器所输入的数据，经过加工处理，驱动 LCD 显示屏显示实时温度值和湿度值。绘制出的单片机最小系统电路如图 3-2-1 所示。双击 PIC 单片机元件，弹出"Edit Component"对话框，参数设置如图 3-2-2 所示，参数设置完毕后，单击"Edit Component"对话框中的 OK 按钮。

☞ 小提示

◎ PIC16F168 单片机中的网络标号在后续章节具有讲解。

◎ 在元件库中搜索"PIC16F168"关键字，即可找到 PIC16F168 单片机。

本例中的 DHT11 传感器电路可以采集温度信息和湿度信息。在 Proteus 软件中绘制出的 DHT11 传感器电路如图 3-2-3 所示，DHT11 传感器电路主要由 DHT11 传感器和电阻等元件组成。温湿度传感器 U3 的引脚 2 通过网络标号"data"与 PIC16F168 单片机的 RA0 引脚相连。

本例中的 LCD 显示屏电路可以实时显示温度信息和湿度信息。在 Proteus 软件中绘制出的 LCD 显示屏电路如图 3-2-4 所示，LCD 显示屏电路主要由 LCD016L 等元件组成。LCD 显示屏 LCD1 的引脚 4 通过网络标号"RS"与 PIC16F168 单片机的 RB2 引脚相连；LCD 显示屏 LCD1 的引脚 6 通过网络标号"E"与 PIC16F168 单片机的 RB3 引脚相连；LCD 显示屏 LCD1 的引脚 11 通过网络标号"D4"与 PIC16F168 单片机的 RB4 引脚相连；LCD 显示屏 LCD1 的引脚 12 通过网络标号"D5"与 PIC16F168 单片机的 RB5 引脚相连；LCD 显示屏 LCD1 的引脚 13 通过网络标号"D6"与 PIC16F168 单片机的 RB6 引脚相连；LCD 显示屏 LCD1 的引脚 14 通过网络标号"D7"与 PIC16F168 单片机的 RB7 引脚相连。

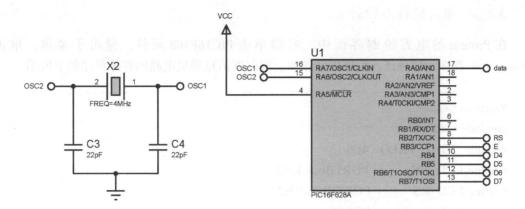

图 3-2-1 单片机最小系统电路

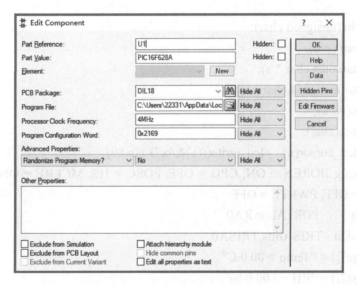

图 3-2-2 "Edit Component"对话框

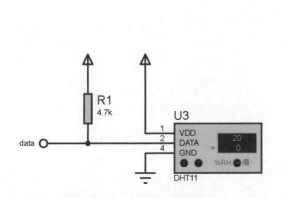

图 3-2-3 温湿度传感器电路

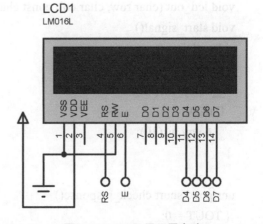

图 3-2-4 LCD 显示屏电路

3.2.3　单片机程序设计

在 Proteus 的电路绘制界面中，右键单击 PIC16F168 元件，弹出子菜单，单击 Edit Source Code 选项，即可进入程序编译界面。温湿度信息采集电路的整体程序如下所示。

```
#include <xc.h>
#include <stdio.h>
#define _XTAL_FREQ  4E6
#define LCD_EN          PORTBbits.RB3
#define LCD_RS          PORTBbits.RB2
#define LCD_DATA        PORTB
#define LCD_STROBE() (LCD_EN=1), (LCD_EN=0)


void lcd_write(unsigned char);
void lcd_clear(void);
void lcd_puts(const char * s);
void lcd_goto(unsigned char pos);
void lcd_init(void);
void lcd_putch(char);
#define     lcd_cursor(x)     lcd_write(((x)&0x7F)|0x80)
#pragma config BOREN = ON, CPD = OFF, FOSC = HS, MCLRE = ON, WDTE = OFF,
CP = OFF, LVP = OFF, PWRTE = OFF
#define Data       PORTAbits.RA0
#define DataDir  TRISAbits.TRISA0
char message1[] = "Temp = 00.0 C";
char message2[] = "RH   = 00.0 %";
unsigned short TOUT = 0, CheckSum, i;
unsigned short T_Byte1, T_Byte2, RH_Byte1, RH_Byte2;
void lcd_out (char row, char col, const char * s1);
void start_signal()
 { DataDir = 0;
  Data   = 0;
  __delay_ms(25);
  DataDir = 1;
  __delay_us(30);
 }

unsigned short check_response()
 { TOUT = 0;
```

```
      TMR2 = 0;
      TMR2ON = 1;
      while (!Data && !TOUT);
      if (TOUT)
        return 0;
      else
        { TMR2 = 0;
        while (Data && !TOUT);
        if (TOUT)
          return 0;
        else
          { TMR2ON = 0;
          return 1;
          }
        }
    }

unsigned short read_byte()
{ unsigned short num = 0;
  DataDir = 1;
  for (i=0; i<8; i++)
    { while (!Data);
    TMR2 = 0;
    TMR2ON = 1;
    while (Data);
    TMR2ON = 0;
    if (TMR2 > 40)
      num |= 1<<(7-i);
    }
  return num;
}

void interrupt tc_int(void)
{ if (TMR2IF)
    { TOUT = 1;
    TMR2ON = 0;
    TMR2IF = 0;
    }
```

```c
}

void main(void)
{ unsigned short check;

  TRISB = 0b00000000;
  PORTB = 0;
  TRISA = 0b00100001;
  CMCON = 7;
  GIE = 1;
  PEIE = 1;
  TMR2IE = 1;
  T2CON = 0;
  TMR2IF = 0;
  lcd_init();
  lcd_clear();
  while (1)
  { __delay_ms(1000);
   start_signal();
   check = check_response();
   if (!check)
    { lcd_clear();
     lcd_out(1, 1, "No response");
     lcd_out(2, 1, "from the sensor");
    }
   else
   { RH_Byte1 = read_byte();
     RH_Byte2 = read_byte();
     T_Byte1  = read_byte();
     T_Byte2  = read_byte();
     CheckSum = read_byte();
     if (CheckSum == ((RH_Byte1 + RH_Byte2 + T_Byte1 + T_Byte2) & 0xFF))
     { message1[7]  = T_Byte1/10  + 48;
       message1[8]  = T_Byte1%10  + 48;
       message1[10] = T_Byte2/10  + 48;
       message2[7]  = RH_Byte1/10 + 48;
       message2[8]  = RH_Byte1%10 + 48;
```

```
            message2[10] = RH_Byte2/10 + 48;
            message1[11] = 223;
            lcd_clear();
            lcd_out(1, 1, message1);
            lcd_out(2, 1, message2);
          }
        else
         { lcd_clear();
           lcd_out(1, 1, "Checksum Error!");
           lcd_out(2, 1, "Trying Again ...");
         }
       }
     }
 }

void lcd_out (char row, char col, const char * s1)
 { if (row==1)
     lcd_goto(0x00+col-1);
   else
     lcd_goto(0x40+col-1);

   lcd_puts(s1);
 }

void lcd_write(unsigned char c)
 { __delay_us(40);
   LCD_DATA &= 0x0f;
   LCD_DATA |= (c & 0xf0);
   LCD_STROBE();
   LCD_DATA &= 0x0f;
   LCD_DATA |= ((c<<4) & 0xf0);
   LCD_STROBE();
 }

void lcd_clear(void)
 { LCD_RS = 0;
   lcd_write(0x1);
   __delay_ms(2);
```

```c
}

void lcd_puts(const char * s)
{ LCD_RS = 1;
  while(*s)
    lcd_write(*s++);
}

void lcd_putch(char c)
{ LCD_RS = 1;
  lcd_write( c );
}

void lcd_goto(unsigned char pos)
{ LCD_RS = 0;
  lcd_write(0x80+pos);
}

void lcd_init(void)
{ char init_value;

  init_value = 0x3;
  LCD_RS = 0;
  LCD_EN = 0;

  __delay_ms(15);
  LCD_DATA &= 0x0f;
  LCD_DATA |= (init_value<<4) & 0xf0 ;
  LCD_STROBE();
  __delay_ms(5);
  LCD_STROBE();
  __delay_us(200);
  LCD_STROBE();
  __delay_us(200);
  LCD_DATA &= 0x0f;
  LCD_DATA |= (2<<4) & 0xf0;
  LCD_STROBE();
```

```
lcd_write(0x28);
lcd_write(0xc);
lcd_clear();
lcd_write(0x6);
}
```

右键单击 📂 **PIC18F452(U1)**，弹出子菜单，单击 ☷ Rebuild Project 选项，即可进入程序编译界面，执行后，"VSM Studio Output"会输出编译信息。编译完成后，如图 3-2-5 所示。

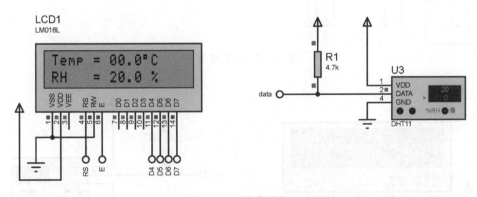

图 3-2-5　编译完成后

3.2.4　整体仿真测试

执行 **Debug** → ☷ **Run Simulation** 命令，运行温湿度信息采集电路仿真。进入初始状态，DHT11 传感器温度初始值设置为"0"，湿度初始值设置为"20"，LCD 显示屏第一行显示"Temp = 00.0℃"，第二行显示"RH = 20.0%"，如图 3-2-6 所示。

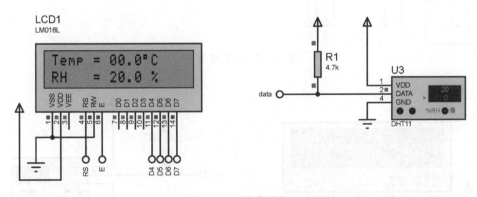

图 3-2-6　仿真结果 1

单击 DHT11 传感器上的温度模拟调节按钮，将温度值设置为"30"，湿度值设置为"20"，LCD 显示屏第一行显示"Temp = 30.0℃"，第二行显示"RH = 20.0%"，如图 3-2-7 所示。

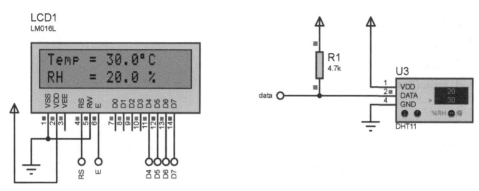

图 3-2-7　仿真结果 2

　　单击 DHT11 传感器上的湿度模拟调节按钮，将温度值设置为"30"，湿度值设置为"40"，LCD 显示屏第一行显示"Temp = 30.0℃"，第二行显示"RH = 40.0%"，如图 3-2-8 所示。

　　单击DHT11传感器上的温度模拟调节按钮和湿度模拟调节按钮，将温度值设置为"15"，湿度值设置为"25"，LCD 显示屏第一行显示"Temp = 15.0℃"，第二行显示"RH = 25.0%"，如图 3-2-9 所示。

　　读者可以仿真温湿度信息采集电路的其他状态。根据整体仿真结果，温湿度信息采集电路基本满足设计要求。

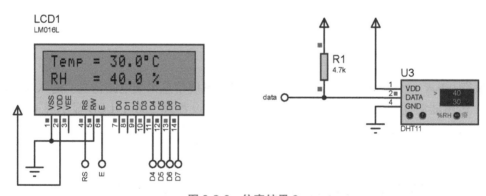

图 3-2-8　仿真结果 3

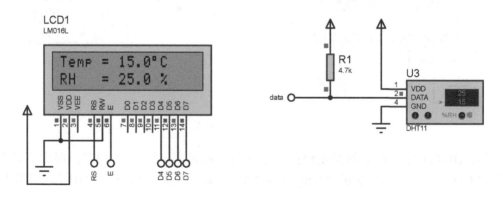

图 3-2-9　仿真结果 4

☞ 小提示

◎ 扫描右侧二维码可观看温湿度信息采集电路仿真小视频。

3.2.5 设计总结

温湿度信息采集电路由单片机最小系统电路、温湿度传感器电路和 LCD 显示屏电路等组成，其设计基本满足要求。本实例的硬件电路中并没有加入执行模块，读者可以加入直流电动机模块用以模拟微型水泵或者风扇，当温度和湿度达到一定的设定值，直流电动机开始转动，转动一定时间后，当温度和湿度小于设定值后，直流电动机便停止转动。这样便可以模拟智能风扇或自动浇花系统的工作过程。

▼ 第4章

AVR 系列单片机仿真实例

4.1　模数转换电路仿真

4.1.1　总体要求

本例将讲解如何利用 AVR 单片机进行模拟信号转换成数字信号。模数转换电路硬件系统主要包括单片机最小系统电路、ADC0808 电路和指示灯电路等。本例模数转换电路主要设计要求如下：

☺ 可以实时采集模拟电压值；

☺ 可以指示灯电路可以实时显示模数转换的结果。

4.1.2　硬件电路设计

新建仿真工程文件，并命名为"ADC0808"。单片机最小系统电路包含了单片机电路、晶振电路和复位电路。单片机最小系统电路主要作用是根据 ADC0808 输入的数值去驱动指示灯电路。绘制出的单片机最小系统电路如图 4-1-1 所示。

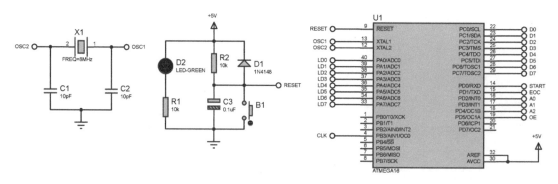

图 4-1-1　单片机最小系统电路

☞ 小提示

◎ ATMEG16 单片机中的网络标号在后续小节具有讲解。

◎ 在元件库中搜索"ATMEG16"关键字，即可找到 ATMEG16 单片机。

本例中的 ADC0808 电路可以将模拟信号转换成数字信号。在 Proteus 软件中绘制出的 ADC0808 电路如图 4-1-2 所示。矩阵键盘电路主要由 ADC0808 芯片、电压表和滑动变阻器等元器件组成。

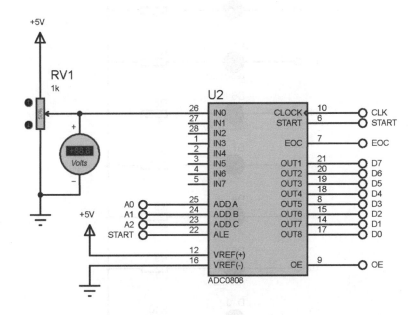

图 4-1-2　ADC0808 电路

ADC0808 芯片的 ADDA 引脚通过网络标号"A0"与 ATMEG16 单片机的 PD2 引脚相连；ADC0808 芯片的 ADDB 引脚通过网络标号"A1"与 ATMEG16 单片机的 PD3 引脚相连；ADC0808 芯片的 ADDC 引脚通过网络标号"A2"与 ATMEG16 单片机的 PD4 引脚相连；ADC0808 芯片的 ALE 引脚通过网络标号"START"与 ATMEG16 单片机的 PD0 引脚相连；ADC0808 芯片的 CLOCK 引脚通过网络标号"CLK"与 ATMEG16 单片机的 PB3 引脚相连；ADC0808 芯片的 START 引脚通过网络标号"START"与 ATMEG16 单片机的 PD0 引脚相连；ADC0808 芯片的 EOC 引脚通过网络标号"EOC"与 ATMEG16 单片机的 PD1 引脚相连；ADC0808 芯片的 OUT1 引脚通过网络标号"D7"与 ATMEG16 单片机的 PC7 引脚相连；ADC0808 芯片的 OUT2 引脚通过网络标号"D6"与 ATMEG16 单片机的 PC6 引脚相连；ADC0808 芯片的 OUT3 引脚通过网络标号"D5"与 ATMEG16 单片机的 PC5 引脚相连；ADC0808 芯片的 OUT4 引脚通过网络标号"D4"与 ATMEG16 单片机的 PC4 引脚相连；ADC0808 芯片的 OUT5 引脚通过网络标号"D3"与 ATMEG16 单片机的 PC3 引脚相连；ADC0808 芯片的 OUT6 引脚通过网络标号"D2"与 ATMEG16 单片机的 PC2 引脚相连；ADC0808 芯片的 OUT7 引脚通过网络标号"D1"与 ATMEG16 单片机的 PC1 引脚相连；

ADC0808 芯片的 OUT8 引脚通过网络标号"D0"与 ATMEG16 单片机的 PC0 引脚相连。

本例中的指示灯电路可以指示经单片机处理后的数据。在 Proteus 软件中绘制出的指示灯电路如图 4-1-3 所示。矩阵键盘电路主要由发光二极管和电阻等元器件组成。

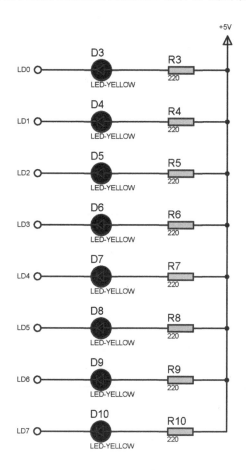

图 4-1-3　指示灯电路

发光二极管 D3 的一个引脚通过网络标号"LD0"与 ATMEG16 单片机的 PA0 引脚相连；发光二极管 D4 的一个引脚通过网络标号"LD1"与 ATMEG16 单片机的 PA1 引脚相连；发光二极管 D5 的一个引脚通过网络标号"LD2"与 ATMEG16 单片机的 PA2 引脚相连；发光二极管 D6 的一个引脚通过网络标号"LD3"与 ATMEG16 单片机的 PA3 引脚相连；发光二极管 D7 的一个引脚通过网络标号"LD4"与 ATMEG16 单片机的 PA4 引脚相连；发光二极管 D8 的一个引脚通过网络标号"LD5"与 ATMEG16 单片机的 PA5 引脚相连；发光二极管 D9 的一个引脚通过网络标号"LD6"与 ATMEG16 单片机的 PA6 引脚相连；发光二极管 D11 的一个引脚通过网络标号"LD7"与 ATMEG16 单片机的 PA7 引脚相连。

4.1.3　单片机程序设计

在 Proteus 的电路绘制界面中，右键单击 ATEMGA16 元件，弹出子菜单，单击 Edit Source Code 选项，即可进入程序编译界面。模数转换电路整体程序如下所示。

```
#include <avr/io.h>
#include <util/delay.h>
#define uchar unsigned char
#define uint unsigned int
#define sbit(x,PORT) (PORT) |= (1<<x)
#define cbit(x,PORT) (PORT) &= ~(1<<x)
#define pin(x,PIN) (PIN)&(1<<x)
#define S_START sbit(0,PORTD)
#define C_START cbit(0,PORTD)
#define S_ADD_A sbit(2,PORTD)
#define C_ADD_A cbit(2,PORTD)
#define S_ADD_B sbit(3,PORTD)
#define C_ADD_B cbit(3,PORTD)
#define S_ADD_C sbit(4,PORTD)
#define C_ADD_C cbit(4,PORTD)
#define S_OE sbit(5,PORTD)
#define C_OE cbit(5,PORTD)
#define EOC   pin(1,PIND)
#define BUS PORTC
#define LED PORTA
#define IN PINC
int main(void)
 { SPL = 0x5f;
  SPH = 0x04;
  DDRA = 0xff;
  DDRC = 0x00;
  DDRB = 0xff;
  DDRD = 0xfd;
  PORTD = 0xff;
  LED = 0x00;
  TCCR0 = 0x1a;
  OCR0 = 0x01;
  C_ADD_A;
  C_ADD_B;
  C_ADD_C;
  while(1)
  {
   C_START;
```

```
        S_START;
        C_START;
        while(1)
        { if(EOC)
          { S_OE;
            asm("nop");
            asm("nop");
            LED=~IN;
            C_OE;
            break;
          }
          else
          { asm("nop");
          }
        }
      }
    }
```

右键单击 📂 **ATMEGA16(U1)**，弹出子菜单，单击 🔄 Rebuild Project 选项，即可进入程序编译界面，执行后，"VSM studio output" 会输出编译信息。编译完成后，如图 4-1-4 所示。

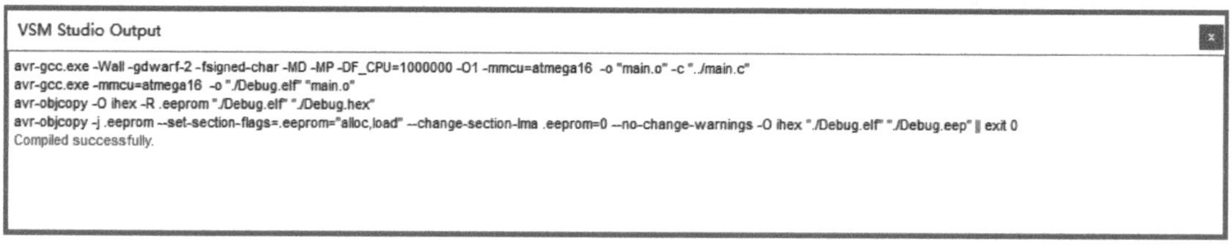

VSM Studio Output

```
avr-gcc.exe -Wall -gdwarf-2 -fsigned-char -MD -MP -DF_CPU=1000000 -O1 -mmcu=atmega16 -o "main.o" -c "./main.c"
avr-gcc.exe -mmcu=atmega16 -o "./Debug.elf" "main.o"
avr-objcopy -O ihex -R .eeprom "./Debug.elf" "./Debug.hex"
avr-objcopy -j .eeprom --set-section-flags=.eeprom="alloc,load" --change-section-lma .eeprom=0 --no-change-warnings -O ihex "./Debug.elf" "./Debug.eep" || exit 0
Compiled successfully.
```

图 4-1-4　编译完成后

4.1.4　整体仿真测试

执行 Debug → 📨 Run Simulation 命令，运行模数转换电路仿真。进入初始状态，如图 4-1-5 所示。滑动变阻器的滑片滑到 50% 的位置，电压表显示 2.50V，发光二极管 D10 熄灭，发光二极管 D3、D4、D5、D6、D7、D8 和 D9 亮起。转化出的数字信号为 "10000000"，根据 $V = 5 \times (1/4 + 1/8 + 1/16 + 1/32 + 1/64 + 1/128 + 1/256) \approx 2.5V$，与输入电压保持一致。

将滑动变阻器的滑片滑到 30% 的位置，电压表显示 1.50V，D10、D4、D7 和 D8 熄灭，发光二极管 D3、D5、D6 和 D9 亮起，如图 4-1-6 所示。转化出的数字信号为 "10110010"，根据 $V = 5 \times (1/4 + 1/32 + 1/64 + 1/256) \approx 1.5V$，与输入电压基本保持一致。

将滑动变阻器的滑片滑到 80% 的位置，电压表显示 4.0V，发光二极管 D3、D4、D7 和 D8 熄灭，发光二极管 D10、D5、D6 和 D9 亮起，如图 4-1-7 所示。转化出的数字信号为 "00110011"，根据 $V = 5 \times (1/2 + 1/4 + 1/32 + 1/64) \approx 4V$，与输入电压基本保持一致。

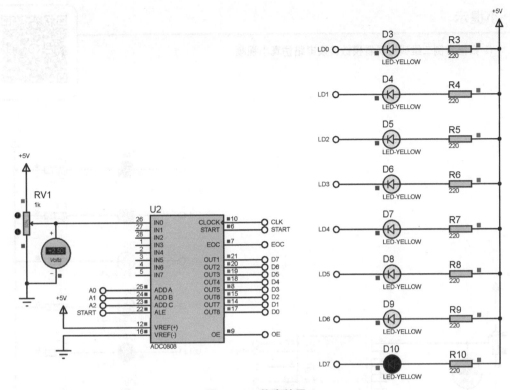

图 4-1-5　仿真结果 1

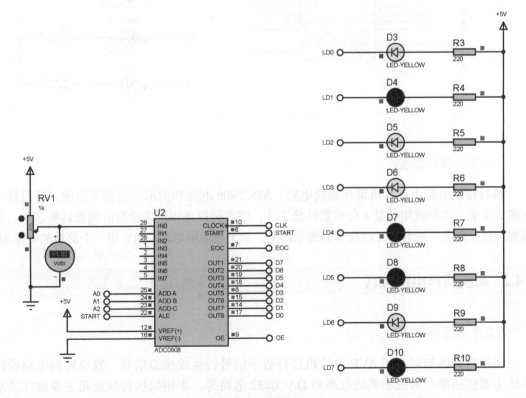

图 4-1-6　仿真结果 2

☞ 小提示

◎ 扫描右侧二维码可观看模数转换电路仿真小视频。

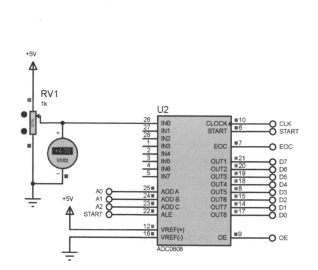

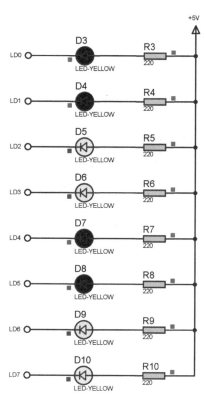

图 4-1-7　仿真结果 3

4.1.5　设计总结

模数转换电路由单片机最小系统电路、ADC0808 电路和指示灯电路等组成，其设计基本满足要求。本例选用的是 8 位模数转换芯片，读者可以选用更多位数的模数转换芯片，从而提高转换精度。读者也可以在本例的基础上，加上显示屏电路，DIY 出一个简易的电压表。

4.2　数模转换电路仿真

4.2.1　总体要求

本例将讲解如何利用 AVR 单片机进行数字信号转换成模拟信号。数模转换电路硬件系统主要包括单片机最小系统电路和 DAC0832 电路等。本例数模转换电路主要设计要求如下：

☺ AVR 单片机用以输出数字信号；
☺ DAC0832 芯片数字信号转化成模拟信号；
☺ 可以输出不同的模拟值；
☺ 输出模拟值之后会停留一段时间，再输出下一个模拟值。

4.2.2 硬件电路设计

新建仿真工程文件，并命名为 "DAC0832"。单片机最小系统电路包含了单片机电路、晶振电路和复位电路。单片机最小系统电路主要作用是动态输出数字信号。绘制出的单片机最小系统电路如图 4-2-1 所示。

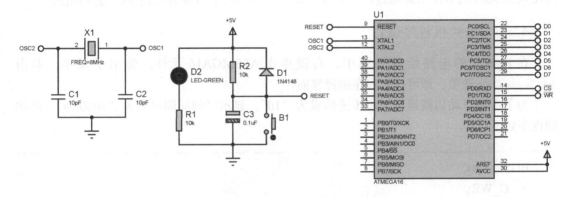

图 4-2-1　单片机最小系统电路

本例中的 DAC0832 电路可以将数字信号转换成模拟信号。在 Proteus 软件中绘制出的DAC0832 电路如图 4-2-2 所示。DAC0832 电路主要由 DAC0832 芯片、电压表和运算放大器等元器件组成。

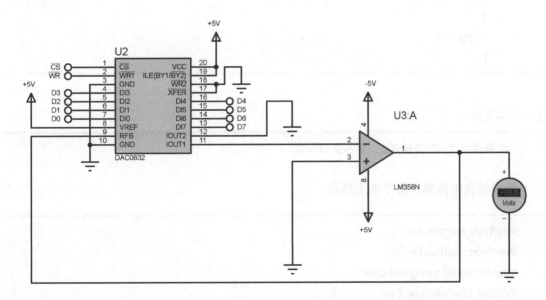

图 4-2-2　DAC0832 电路

DAC0832 芯片的 CS 引脚通过网络标号"CS"与 ATMEG16 单片机的 PD0 引脚相连；DAC0832 芯片的 WR 引脚通过网络标号"WR"与 ATMEG16 单片机的 PD1 引脚相连；DAC0832 芯片的 DI0 引脚通过网络标号"D0"与 ATMEG16 单片机的 PC0 引脚相连；DAC0832 芯片的 DI1 引脚通过网络标号"D1"与 ATMEG16 单片机的 PC1 引脚相连；DAC0832 芯片的 DI2 引脚通过网络标号"D2"与 ATMEG16 单片机的 PC2 引脚相连；DAC0832 芯片的 DI3 引脚通过网络标号"D3"与 ATMEG16 单片机的 PC3 引脚相连；DAC0832 芯片的 DI4 引脚通过网络标号"D4"与 ATMEG16 单片机的 PC4 引脚相连；DAC0832 芯片的 DI5 引脚通过网络标号"D5"与 ATMEG16 单片机的 PC5 引脚相连；DAC0832 芯片的 DI6 引脚通过网络标号"D6"与 ATMEG16 单片机的 PC6 引脚相连；DAC0832 芯片的 DI7 引脚通过网络标号"D7"与 ATMEG16 单片机的 PC7 引脚相连。

4.2.3 单片机程序设计

在 Proteus 的电路绘制界面中，右键单击 ATEMGA16 元件，弹出子菜单，单击 Edit Source Code 选项，即可进入程序编译界面。

为了考虑自动切换速度，将步进值设为"10"，显示时间间隔设置为"1000ms"，此功能程序如下所示。

```
BUS = data;
    C_WR;
    asm("nop");
    S_WR;
    data = data +10;
    _delay_ms(1000);
    if(data > 257)
      {
        data = 0;
      }
```

☞ 小提示

◎ 程序中"10"是步进值，并不是 10mV。

数模转换电路整体程序如下所示。

```
#include <avr/io.h>
#include <util/delay.h>
#define uchar unsigned char
#define uint unsigned int
```

```
#define sbit(x,PORT) (PORT) |= (1<<x)
#define cbit(x,PORT) (PORT) &= ~(1<<x)
#define pin(x,PIN)   (PIN)&(1<<x)
#define S_CS sbit(0,PORTD)
#define C_CS cbit(0,PORTD)
#define S_WR sbit(1,PORTD)
#define C_WR cbit(1,PORTD)
#define BUS PORTC
int main(void)
{
  uchar data;
  SPL = 0x5f;
  SPH = 0x04;
  DDRC = 0xff;
  DDRD = 0xff;
  PORTD = 0xff;
  BUS = 0xff;
  data = 0;
  C_CS;
  while(1)
   {
    BUS = data;
    C_WR;
    asm("nop");
    S_WR;
    data = data +10;
    _delay_ms(1000);
    if(data > 257)
      {
      data = 0;
     }
   }
}
```

右键单击 📂 PIC18F452(U1)，弹出子菜单，单击 🔁 Rebuild Project 选项，即可进入程序编译界面，执行后，"VSM studio output" 会输出编译信息。编译完成后，如图 4-2-3 所示。

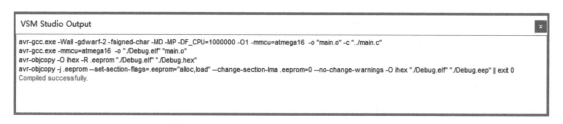

图 4-2-3　编译完成后

4.2.4　整体仿真测试

执行 Debug → 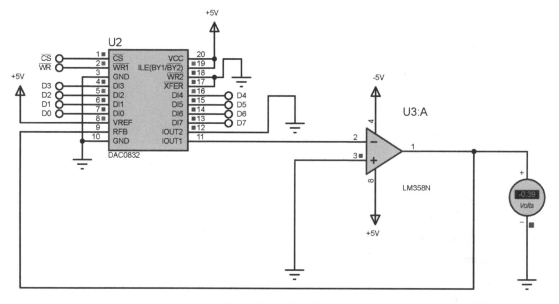 Run Simulation 命令，运行数模转换电路仿真。电压表可以自动获取转后的电压值。

当向引脚 DI0 输入低电平，引脚 DI1 输入低电平，引脚 DI2 输入高电平，引脚 DI3 输入低电平，引脚 DI4 输入高电平，引脚 DI5 输入低电平，引脚 DI6 输入高电平，引脚 DI7 输入低电平，模拟输入"00010100"，根据 $V = 5 \times (1/8+1/32)$ V $\approx$ 0.39V，电压表也显示 0.39V，如图 4-2-4 所示。

图 4-2-4　仿真结果 1

当向引脚 DI0 输入低电平，引脚 DI1 输入高电平，引脚 DI2 输入高电平，引脚 DI3 输入低电平，引脚 DI4 输入低电平，引脚 DI5 输入低电平，引脚 DI6 输入高电平，引脚 DI7 输入低电平，模拟输入"01000110"，根据 $V = 5 \times (1/4 + 1/64 + 1/128)$ V $\approx$ 1.36V，电压表也显示 1.36V，如图 4-2-5 所示。

当向引脚 DI0 输入低电平，引脚 DI1 输入低电平，引脚 DI2 输入高电平，引脚 DI3 输入高电平，引脚 DI4 输入低电平，引脚 DI5 输入低电平，引脚 DI6 输入低电平，引脚 DI7 输入高电平，模拟输入"10001100"，根据 $V = 5 \times (1/2 + 1/32 + 1/64)$ V $\approx$ 2.73V，电压表也显示 2.73V，如图 4-2-6 所示。

当向引脚 DI0 输入低电平，引脚 DI1 输入低电平，引脚 DI2 输入低电平，引脚 DI3 输入高电平，引脚 DI4 输入低电平，引脚 DI5 输入低电平，引脚 DI6 输入高电平，引脚 DI7 输入高电平，模拟输入 "11001000"，根据 $V = 5 \times (1/2 + 1/4 + 1/32)\,\mathrm{V} \approx 3.9\mathrm{V}$，电压表也显示 3.9V，如图 4-2-7 所示。

当向引脚 DI0 输入低电平，引脚 DI1 输入高电平，引脚 DI2 输入低电平，引脚 DI3 输入高电平，引脚 DI4 输入高电平，引脚 DI5 输入高电平，引脚 DI6 输入高电平，引脚 DI7 输入高电平，模拟输入 "11111010"，根据 $V = 5 \times (1/2 + 1/4 + 1/8 + 1/16 + 1/32 + 1/128)\,\mathrm{V} \approx 4.87\mathrm{V}$，电压表也显示 3.9V，如图 4-2-8 所示。

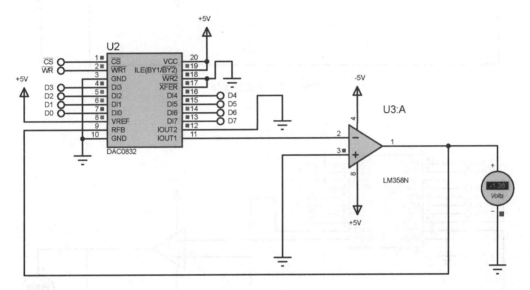

图 4-2-5　仿真结果 2

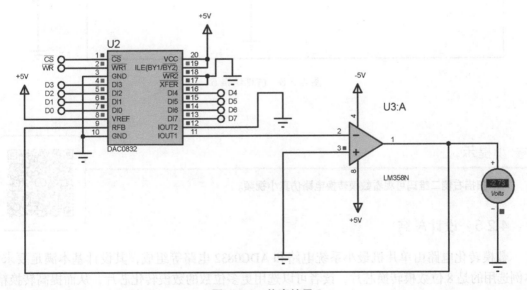

图 4-2-6　仿真结果 3

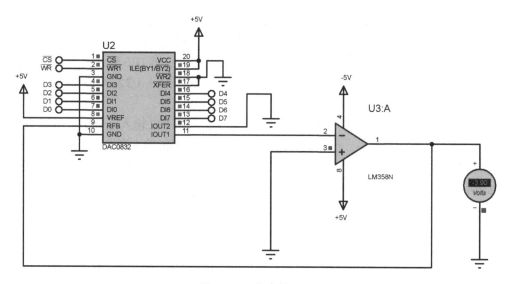

图 4-2-7　仿真结果 4

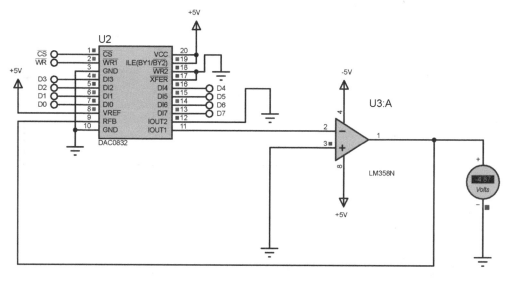

图 4-2-8　仿真结果 5

☞ **小提示**

◎ 扫描右侧二维码可观看数模转换电路仿真小视频。

4.2.5　设计总结

数模转化电路由单片机最小系统电路和 ADC0832 电路等组成，其设计基本满足要求。本例选用的是 8 位数模转换芯片，读者可以选用更多位数的数模转化芯片，从而提高转换精度。读者也可以在本例的基础上，加上一些信号处理电路，DIY 出一个简易的信号发生器。

▼第5章

双足机器人仿真实例

5.1　总体要求

本例将讲解如何 DIY 双足机器人。双足机器人电路硬件系统主要包括单片机最小系统电路、PWM 电路、指示灯电路、独立按键电路和电源电路等。本例双足机器人电路主要设计要求如下：

☺ 单片机最小系统可以同时输出 6 路 PWM，甚至更多路 PWM；

☺ 电源电路包括单片机最小系统电源电路和舵机电源电路；

☺ 单片机最小系统工作时应有指示灯亮起；

☺ 每一路舵机转动角度范围为 −90°~90°；

☺ 设置独立按键用以起动双足机器人动作；

☺ 设置独立按键用以停止双足度机器人动作。

5.2　硬件电路设计

5.2.1　单片机最小系统电路

新建仿真工程文件，并命名为"TwoFootRobot"。单片机最小系统电路包含了单片机电路、晶振电路和复位电路。单片机最小系统电路包含了包括单片机电路和复位电路等。在 Proteus 软件中绘制出的单片机最小系统电路如图 5-2-1 所示。单片机最小系统电路主要作用通过 IIC 协议来驱动多个舵机。

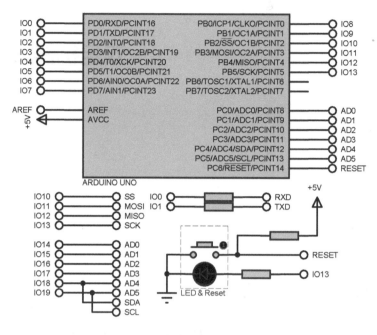

图 5-2-1　单片机最小系统电路

☞ **小提示**

◎ Arduino 单片机中的网络标号在后续小节具有讲解。

◎ 双击元件即可观察到元件的详细信息。

5.2.2　电源电路

常用锂电池的电压约为 3.7V，而双足机器人的电源通常需要 3 块锂电池串联，既可满足电压要求，又可以满足体积和重量要求。电源电路主要 3 路稳压电源电路组成：第 1 路稳压电源电路由 7805 等元器件组成，将 +11.1V 电压转换为 +5V，为单片机最小系统电路、独立按键电路和 PWM 电路供电；第 2 路稳压电源电路由 7806 等元器件组成，将 +11.1V 电压转换为 +6V，为舵机 0、舵机 1 和舵机 2 供电；第 3 路稳压电源电路由 7806 等元器件组成，将 +11.1V 电压转换为 +6V，为舵机 3、舵机 4 和舵机 5 供电。Proteus 软件中绘制出的电源电路如图 5-2-2 所示。

☞ **小提示**

◎ 在元件库中搜索 "7805" 关键字，即可找到 7805 稳压芯片。

◎ 在元件库中搜索 "7806" 关键字，即可找到 7806 稳压芯片。

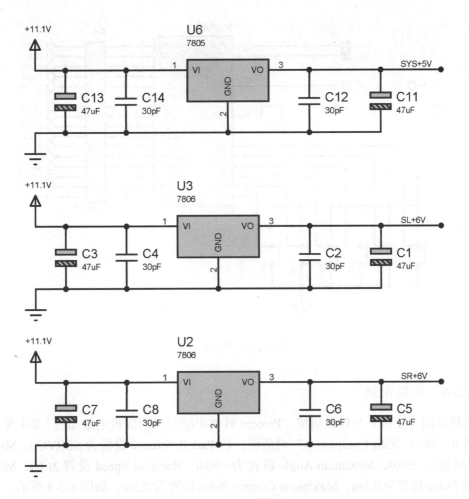

图 5-2-2　电源电路

5.2.3　PWM 电路

PWM 电路主要由 PCA9685 元件组成，最多可以输出 16 路 PWM。Proteus 软件中绘制出的 PWM 电路如图 5-2-3 所示。PCA9685 元件的引脚 27 通过网络标号 "SDA" 与 Arduino 单片机的 IO18 相连，引脚 26 通过网络标号 "SCL" 与 Arduino 单片机的 IO19 相连，引脚 23 和引脚 25 均接入 "GND" 网络，引脚 1、引脚 2、引脚 3、引脚 4、引脚 5 和引脚 24 接入 "GND" 网络，即输入低电平，引脚 6、引脚 7、引脚 8、引脚 9、引脚 10、引脚 11、引脚 12、引脚 13、引脚 14、引脚 15、引脚 16、引脚 17、引脚 18、引脚 19、引脚 20、引脚 21 和引脚 22 可以通过不同的网络标号与不同的舵机相连。

☞ 小提示

◎ 在元件库中搜索 "PCA9685" 关键字，即可找 PCA9685 芯片。

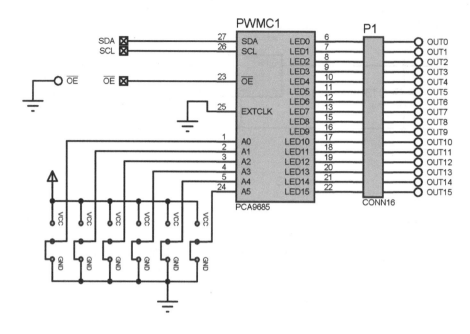

图 5-2-3　PWM 电路

5.2.4　舵机电路

舵机电路主要由 6 个舵机组成。Proteus 软件中绘制出的舵机电路如图 5-2-4 所示。双击舵机 0，弹出"Edit Component"对话框，将 Part Reference 设置为 SERVO0，Minimum Angle 设置为 -90.0，Maximum Angle 设置为 +90.0，Rotional Speed 设置为 60，Minimum Control Pulse 设置为 0.5m，Maximum Control Pulse 设置为 2.5m，如图 5-2-5 所示。其他舵机仿照此方法进行设置。

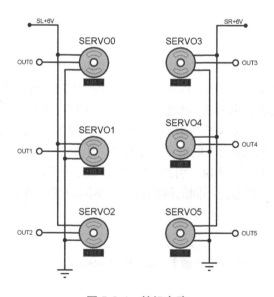

图 5-2-4　舵机电路

舵机 SERVO0 第 1 个引脚通过网络标号"+12V"与第 1 路电源电路相连，第 2 个引脚
通过网络标号"OUT0"与 PCA9685 的引脚 6 相连，第 3 个引脚接入"Ground"网络；舵机 SERVO1 第 1 个引脚通过网络标号"+12V"与第 1 路电源电路相连，第 2 个引脚通过网络标号"OUT1"与 PCA9685 的引脚 7 相连，第 3 个引脚接入"Ground"网络；舵机 SERVO2 第 1 个引脚通过网络标号"+12V"与第 1 路电源电路相连，第 2 个引脚通过网络标号"OUT2"与 PCA9685 的引脚 8 相连，第 3 个引脚接入"Ground"网络；舵机 SER-VO3 第 1 个引脚通过网络标号"+12V"与第 2 路电源电路相连，第 2 个引脚通过网络标号"OUT3"与 PCA9685 的引脚 9

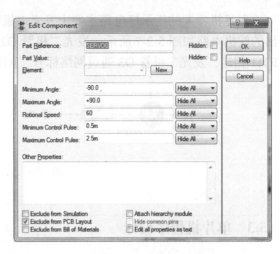

图 5-2-5　舵机参数设置

相连，第 3 个引脚接入"Ground"网络；舵机 SERVO4 第 1 个引脚通过网络标号"+12V"与第 2 路电源电路相连，第 2 个引脚通过网络标号"OUT4"与 PCA9685 的引脚 10 相连，第 3 个引脚接入"Ground"网络；舵机 SERVO5 第 1 个引脚通过网络标号"+12V"与第 2 路电源电路相连，第 2 个引脚通过网络标号"OUT5"与 PCA9685 的引脚 11 相连，第 3 个引脚接入"Ground"网络。

5.2.5　独立按键电路

双足机器人的独立按键电路主要由独立按键、电容和电阻等元件组成。Proteus 软件中绘制出的舵机电路如图 5-2-6 所示。独立按键电路通过网络标号"SYS+5V"接入第 1 路电源电路，独立按键 KEY1 通过网络标号"IO6"与 Arduino 单片机的 IO6 相连，独立按键 KEY2 通过网络标号"IO7"与 Arduino 单片机的 IO7 相连。

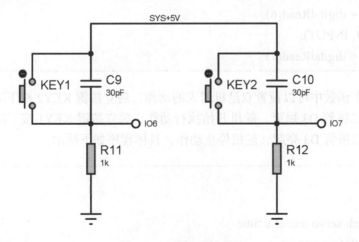

图 5-2-6　独立按键电路

5.2.6　指示灯电路

双足机器人的指示灯电路主要由发光二极管和电阻等元器件组成。Proteus 软件中绘制出的舵机电路如图 5-2-7 所示。发光二极管 D2 通过网络标号"IO11"与 Arduino 单片机的 IO11 相连，发光二极管 D3 通过网络标号"IO12"与 Arduino 单片机的 IO12 相连。

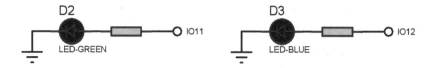

图 5-2-7　指示灯电路

5.3　单片机程序设计

5.3.1　主要程序功能

进入双足机器人的主编程界面。在主函数程序中需定义单片机引脚功能，将 Arduino 单片机引脚 13、引脚 12 和引脚 11 设置为输出模式，用以驱动 LED，将引脚 6 和引脚 7 设置为输入模式，用以接收独立按键的输入信号，具体程序如下所示。

```
//int LED = 13;
pinMode(13, OUTPUT);
//int LED1 = 11;
pinMode(11, OUTPUT);
//int LED2 = 12;
pinMode(12, OUTPUT);
pinMode(6, INPUT);
// int key1 = digitalRead(6);
pinMode(7, INPUT);
// int key2 = digitalRead(7);
```

在 Loop（）函数中可以设置双足机器人的动作，独立按键 KEY2 按下时，发光二极管 D2 亮起，发光二极管 D3 熄灭，舵机开始执行动作。独立按键 KEY1 按下时，发光二极管 D2 熄灭，发光二极管 D3 亮起，舵机停止动作，具体程序如下所示。

```
void loop()
{
// Drive each servo one at a time
Serial.println(servonum);
```

```
      digitalWrite(13,HIGH);

  if(digitalRead(6))
    {
      delay(50);
      if(digitalRead(6))
      mm = 1;
        while(digitalRead(6))
      {
      }
        digitalWrite(11,LOW);
        digitalWrite(12,HIGH);
    }

  if(digitalRead(7))
    {
      delay(50);
      if(digitalRead(7))
      mm = 2;
        while(digitalRead(7))
      {
      }
        digitalWrite(11,HIGH);
        digitalWrite(12,LOW);
    }

  if(mm == 0)
    {
    pwm.setPWM(0, 0, 276);
    pwm.setPWM(1, 0, 276);
    pwm.setPWM(2, 0, 276);
    pwm.setPWM(3, 0, 276);
    pwm.setPWM(4, 0, 276);
    pwm.setPWM(5, 0, 276);
    digitalWrite(11,LOW);
    digitalWrite(12,LOW);
    }
  if(mm == 1)
```

```
    {
    pwm.setPWM(0, 0, 90);
    pwm.setPWM(1, 0, 90);
    pwm.setPWM(2, 0, 90);
    pwm.setPWM(3, 0, 90);
    pwm.setPWM(4, 0, 90);
    pwm.setPWM(5, 0, 90);
    digitalWrite(11,LOW);
    digitalWrite(12,HIGH);
    }
if(mm == 2)
    {
    pwm.setPWM(0, 0, 480);
    pwm.setPWM(1, 0, 480);
    pwm.setPWM(2, 0, 480);
    pwm.setPWM(3, 0, 480);
    pwm.setPWM(4, 0, 480);
    pwm.setPWM(5, 0, 480);
    digitalWrite(11,HIGH);
    digitalWrite(12,LOW);
    }

if(mm == 2)
    {
    delay(100);
    pwm.setPWM(0, 0, 276);
    pwm.setPWM(1, 0, 276);
    pwm.setPWM(2, 0, 276);
    pwm.setPWM(3, 0, 276);
    pwm.setPWM(4, 0, 276);
    pwm.setPWM(5, 0, 276);
    delay(1000);

    pwm.setPWM(0, 0, 90);
    pwm.setPWM(1, 0, 276);
    pwm.setPWM(2, 0, 276);
    pwm.setPWM(3, 0, 480);
    pwm.setPWM(4, 0, 276);
```

```
pwm.setPWM(5, 0, 276);
delay(1000);

pwm.setPWM(0, 0, 90);
pwm.setPWM(1, 0, 276);
pwm.setPWM(2, 0, 90);
pwm.setPWM(3, 0, 480);
pwm.setPWM(4, 0, 276);
pwm.setPWM(5, 0, 480);
delay(1000);

pwm.setPWM(0, 0, 276);
pwm.setPWM(1, 0, 276);
pwm.setPWM(2, 0, 90);
pwm.setPWM(3, 0, 480);
pwm.setPWM(4, 0, 276);
pwm.setPWM(5, 0, 480);
delay(1000);

pwm.setPWM(0, 0, 276);
pwm.setPWM(1, 0, 276);
pwm.setPWM(2, 0, 480);
pwm.setPWM(3, 0, 480);
pwm.setPWM(4, 0, 276);
pwm.setPWM(5, 0, 480);
delay(1000);

pwm.setPWM(0, 0, 480); //6
pwm.setPWM(1, 0, 276);
pwm.setPWM(2, 0, 480);
pwm.setPWM(3, 0, 480);
pwm.setPWM(4, 0, 276);
pwm.setPWM(5, 0, 480);
delay(1000);

pwm.setPWM(0, 0, 480); //7
pwm.setPWM(1, 0, 276);
pwm.setPWM(2, 0, 480);
```

```
        pwm.setPWM(3, 0, 276);
        pwm.setPWM(4, 0, 276);
        pwm.setPWM(5, 0, 480);
        delay(1000);

        pwm.setPWM(0, 0, 480); //8
        pwm.setPWM(1, 0, 276);
        pwm.setPWM(2, 0, 480);
        pwm.setPWM(3, 0, 276);
        pwm.setPWM(4, 0, 276);
        pwm.setPWM(5, 0, 90);
        delay(1000);

        pwm.setPWM(0, 0, 480); //9
        pwm.setPWM(1, 0, 276);
        pwm.setPWM(2, 0, 480);
        pwm.setPWM(3, 0, 90);
        pwm.setPWM(4, 0, 276);
        pwm.setPWM(5, 0, 90);
        delay(1000);

        pwm.setPWM(0, 0, 480); //10
        pwm.setPWM(1, 0, 276);
        pwm.setPWM(2, 0, 480);
        pwm.setPWM(3, 0, 90);
        pwm.setPWM(4, 0, 276);
        pwm.setPWM(5, 0, 90);
        delay(1000);
    }
}
```

5.3.2 整体程序

双足机器人的 main.ino 整体程序如下所示。

```
#include <Wire.h>
#include <Adafruit_PWMServoDriver.h>
```

```
// called this way, it uses the default address 0x40
Adafruit_PWMServoDriver pwm = Adafruit_PWMServoDriver();

#define SERVOMIN  150 // this is the 'minimum' pulse length count (out of 4096)
#define SERVOMAX  600 // this is the 'maximum' pulse length count (out of 4096)

// our servo # counter
uint8_t servonum = 0;
uint8_t mm = 0;

void setup()
{
  Serial.begin(9600);
  Serial.println("16 channel Servo test!");

  pwm.begin();

  pwm.setPWMFreq(50);  // Analog servos run at ~60 Hz updates

  //int LED = 13;
  pinMode(13, OUTPUT);
  //int LED1 = 11;
  pinMode(11, OUTPUT);
  //int LED2 = 12;
  pinMode(12, OUTPUT);
  pinMode(6, INPUT);
  // int key1 = digitalRead(6);
  pinMode(7, INPUT);
  // int key2 = digitalRead(7);


}

// you can use this function if you'd like to set the pulse length in seconds
// e.g. setServoPulse(0, 0.001) is a ~1 millisecond pulse width. its not precise!
void setServoPulse(uint8_t n, double pulse) {
  double pulselength;
```

```
      pulselength = 1000000;   // 1,000,000 us per second
      pulselength /= 60;
      Serial.print(pulselength); Serial.println("us per period");
      pulselength /= 4096;  // 12 bits of resolution
      Serial.print(pulselength); Serial.println("us per bit");
      pulse *= 1000;
      pulse /= pulselength;
      Serial.println(pulse);
      pwm.setPWM(n, 0, pulse);
      digitalWrite(13,HIGH);
}

void loop()
{
   // Drive each servo one at a time
   Serial.println(servonum);
   digitalWrite(13,HIGH);

if(digitalRead(6))
  {
     delay(50);
     if(digitalRead(6))
    mm = 1;
     while(digitalRead(6))
   {
   }
     digitalWrite(11,LOW);
     digitalWrite(12,HIGH);
  }

  if(digitalRead(7))
  {
     delay(50);
     if(digitalRead(7))
    mm = 2;
     while(digitalRead(7))
   {
   }
```

```
    digitalWrite(11,HIGH);
    digitalWrite(12,LOW);
  }

if(mm == 0)
  {
  pwm.setPWM(0, 0, 276);
  pwm.setPWM(1, 0, 276);
  pwm.setPWM(2, 0, 276);
  pwm.setPWM(3, 0, 276);
  pwm.setPWM(4, 0, 276);
  pwm.setPWM(5, 0, 276);
  digitalWrite(11,LOW);
  digitalWrite(12,LOW);
  }
if(mm == 1)
  {
  pwm.setPWM(0, 0, 90);
  pwm.setPWM(1, 0, 90);
  pwm.setPWM(2, 0, 90);
  pwm.setPWM(3, 0, 90);
  pwm.setPWM(4, 0, 90);
  pwm.setPWM(5, 0, 90);
  digitalWrite(11,LOW);
  digitalWrite(12,HIGH);
  }
if(mm == 2)
  {
  pwm.setPWM(0, 0, 480);
  pwm.setPWM(1, 0, 480);
  pwm.setPWM(2, 0, 480);
  pwm.setPWM(3, 0, 480);
  pwm.setPWM(4, 0, 480);
  pwm.setPWM(5, 0, 480);
  digitalWrite(11,HIGH);
  digitalWrite(12,LOW);
  }
```

```
if(mm == 2)
{
delay(100);
pwm.setPWM(0, 0, 276);
pwm.setPWM(1, 0, 276);
pwm.setPWM(2, 0, 276);
pwm.setPWM(3, 0, 276);
pwm.setPWM(4, 0, 276);
pwm.setPWM(5, 0, 276);
delay(1000);

pwm.setPWM(0, 0, 90);
pwm.setPWM(1, 0, 276);
pwm.setPWM(2, 0, 276);
pwm.setPWM(3, 0, 480);
pwm.setPWM(4, 0, 276);
pwm.setPWM(5, 0, 276);
delay(1000);

pwm.setPWM(0, 0, 90);
pwm.setPWM(1, 0, 276);
pwm.setPWM(2, 0, 90);
pwm.setPWM(3, 0, 480);
pwm.setPWM(4, 0, 276);
pwm.setPWM(5, 0, 480);
delay(1000);

pwm.setPWM(0, 0, 276);
pwm.setPWM(1, 0, 276);
pwm.setPWM(2, 0, 90);
pwm.setPWM(3, 0, 480);
pwm.setPWM(4, 0, 276);
pwm.setPWM(5, 0, 480);
delay(1000);

pwm.setPWM(0, 0, 276);
pwm.setPWM(1, 0, 276);
pwm.setPWM(2, 0, 480);
```

```
pwm.setPWM(3, 0, 480);
pwm.setPWM(4, 0, 276);
pwm.setPWM(5, 0, 480);
delay(1000);

pwm.setPWM(0, 0, 480); //6
pwm.setPWM(1, 0, 276);
pwm.setPWM(2, 0, 480);
pwm.setPWM(3, 0, 480);
pwm.setPWM(4, 0, 276);
pwm.setPWM(5, 0, 480);
delay(1000);

pwm.setPWM(0, 0, 480); //7
pwm.setPWM(1, 0, 276);
pwm.setPWM(2, 0, 480);
pwm.setPWM(3, 0, 276);
pwm.setPWM(4, 0, 276);
pwm.setPWM(5, 0, 480);
delay(1000);

pwm.setPWM(0, 0, 480); //8
pwm.setPWM(1, 0, 276);
pwm.setPWM(2, 0, 480);
pwm.setPWM(3, 0, 276);
pwm.setPWM(4, 0, 276);
pwm.setPWM(5, 0, 90);
delay(1000);

pwm.setPWM(0, 0, 480); //9
pwm.setPWM(1, 0, 276);
pwm.setPWM(2, 0, 480);
pwm.setPWM(3, 0, 90);
pwm.setPWM(4, 0, 276);
pwm.setPWM(5, 0, 90);
delay(1000);

pwm.setPWM(0, 0, 480); //10
```

```
    pwm.setPWM(1, 0, 276);
    pwm.setPWM(2, 0, 480);
    pwm.setPWM(3, 0, 90);
    pwm.setPWM(4, 0, 276);
    pwm.setPWM(5, 0, 90);
    delay(1000);
  }
}
```

PWM 配置资源文件程序如下所示：

```
#include <Adafruit_PWMServoDriver.h>
#include <Wire.h>
#if defined(__AVR__)
#define WIRE Wire
#elif defined(CORE_TEENSY) // Teensy boards
 #define WIRE Wire
#else // Arduino Due
 #define WIRE Wire1
#endif

// Set to true to print some debug messages, or false to disable them.
#define ENABLE_DEBUG_OUTPUT true

Adafruit_PWMServoDriver::Adafruit_PWMServoDriver(uint8_t addr) {
  _i2caddr = addr;
}

void Adafruit_PWMServoDriver::begin(void) {
 WIRE.begin();
 reset();
}

void Adafruit_PWMServoDriver::reset(void) {
 write8(PCA9685_MODE1, 0x0);
}

void Adafruit_PWMServoDriver::setPWMFreq(float freq) {
  //Serial.print("Attempting to set freq ");
```

```
//Serial.println(freq);
freq *= 0.9;  // Correct for overshoot in the frequency setting (see issue #11).
float prescaleval = 25000000;
prescaleval /= 4096;
prescaleval /= freq;
prescaleval -= 1;
if (ENABLE_DEBUG_OUTPUT) {
  Serial.print("Estimated pre-scale: "); Serial.println(prescaleval);
}
uint8_t prescale = floor(prescaleval + 0.5);
if (ENABLE_DEBUG_OUTPUT) {
  Serial.print("Final pre-scale: "); Serial.println(prescale);
}

uint8_t oldmode = read8(PCA9685_MODE1);
uint8_t newmode = (oldmode&0x7F) | 0x10; // sleep
write8(PCA9685_MODE1, newmode); // go to sleep
write8(PCA9685_PRESCALE, prescale); // set the prescaler
write8(PCA9685_MODE1, oldmode);
delay(5);
write8(PCA9685_MODE1, oldmode | 0xa1);
                        // This sets the MODE1 register to turn on auto increment.
                        // This is why the beginTransmission below was not working.
// Serial.print("Mode now 0x"); Serial.println(read8(PCA9685_MODE1), HEX);
}

void Adafruit_PWMServoDriver::setPWM(uint8_t num, uint16_t on, uint16_t off) {
//Serial.print("Setting PWM "); Serial.print(num); Serial.print(": "); Serial.print(on); Serial.print("->"); Serial.println(off);

WIRE.beginTransmission(_i2caddr);
WIRE.write(LED0_ON_L+4*num);
WIRE.write(on);
WIRE.write(on>>8);
WIRE.write(off);
WIRE.write(off>>8);
WIRE.endTransmission();
}
```

```
// Sets pin without having to deal with on/off tick placement and properly handles
// a zero value as completely off.  Optional invert parameter supports inverting
// the pulse for sinking to ground.  Val should be a value from 0 to 4095 inclusive.
void Adafruit_PWMServoDriver::setPin(uint8_t num, uint16_t val, bool invert)
{
  // Clamp value between 0 and 4095 inclusive.
  val = min(val, 4095);
  if (invert) {
    if (val == 0) {
      // Special value for signal fully on.
      setPWM(num, 4096, 0);
    }
    else if (val == 4095) {
      // Special value for signal fully off.
      setPWM(num, 0, 4096);
    }
    else {
      setPWM(num, 0, 4095-val);
    }
  }
  else {
    if (val == 4095) {
      // Special value for signal fully on.
      setPWM(num, 4096, 0);
    }
    else if (val == 0) {
      // Special value for signal fully off.
      setPWM(num, 0, 4096);
    }
    else {
      setPWM(num, 0, val);
    }
  }
}

uint8_t Adafruit_PWMServoDriver::read8(uint8_t addr) {
  WIRE.beginTransmission(_i2caddr);
```

```
  WIRE.write(addr);
  WIRE.endTransmission();

  WIRE.requestFrom((uint8_t)_i2caddr, (uint8_t)1);
  return WIRE.read();
}

void Adafruit_PWMServoDriver::write8(uint8_t addr, uint8_t d) {
  WIRE.beginTransmission(_i2caddr);
  WIRE.write(addr);
  WIRE.write(d);
  WIRE.endTransmission();
}
```
PWM 配置头文件如下所示：
```
#ifndef _ADAFRUIT_PWMServoDriver_H
#define _ADAFRUIT_PWMServoDriver_H
#if ARDUINO >= 100
#include "Arduino.h"
#else
#include "WProgram.h"
#endif
#define PCA9685_SUBADR1 0x2
#define PCA9685_SUBADR2 0x3
#define PCA9685_SUBADR3 0x4
#define PCA9685_MODE1 0x0
#define PCA9685_PRESCALE 0xFE
#define LED0_ON_L 0x6
#define LED0_ON_H 0x7
#define LED0_OFF_L 0x8
#define LED0_OFF_H 0x9
#define ALLLED_ON_L 0xFA
#define ALLLED_ON_H 0xFB
#define ALLLED_OFF_L 0xFC
#define ALLLED_OFF_H 0xFD
class Adafruit_PWMServoDriver {
 public:
  Adafruit_PWMServoDriver(uint8_t addr = 0x40);
  void begin(void);
```

```
        void reset(void);
        void setPWMFreq(float freq);
        void setPWM(uint8_t num, uint16_t on, uint16_t off);
        void setPin(uint8_t num, uint16_t val, bool invert=false);
    private:
        uint8_t _i2caddr;
        uint8_t read8(uint8_t addr);
        void write8(uint8_t addr, uint8_t d);
    };
    #endif
```

执行 `Build` → `Build Project Ctrl+F7` 命令，编译成功后，"VSM Studio Output" 栏如图 5-3-1 所示。

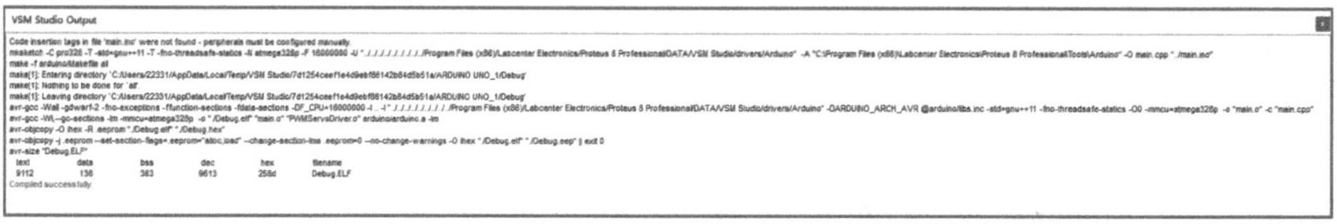

图 5-3-1 "VSM Studio Output" 栏

5.4 整体仿真测试

双击 Arduino 单片机，弹出 "Edit Component" 对话框，可见 Program File 中出现了编译文件的路径，如图 5-4-1 所示。

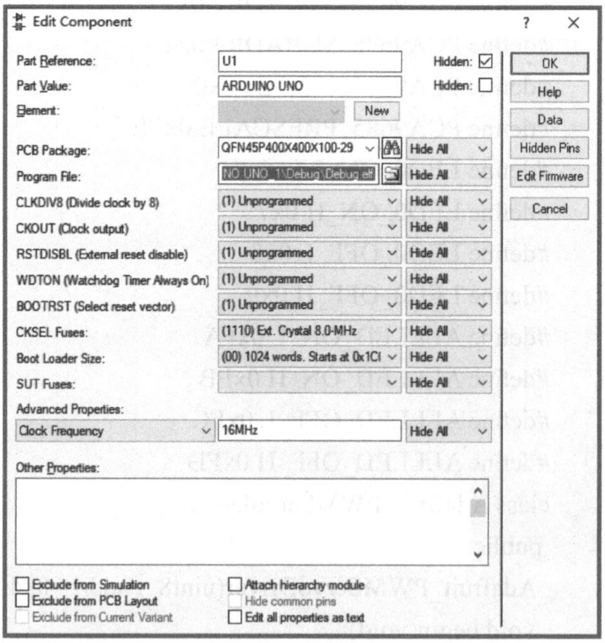

执行 `Debug` → `Run Simulation` 命令，运行双足机器人电路仿真。初始状态时，Arduino 单片机指示灯亮起，代表 Arduino 单片机已经开始正常工作。指示灯电路中没有发光二极管亮起。舵机电路中的 6 个舵机均处在 0° 位置左右，如图 5-4-2 所示。

单击双足机器人电路中的独立按键 KEY1，示灯电路中的蓝色发光二极管亮起，舵机电路中的 6 个舵机均处在 −90° 位置左右，如图 5-4-3 所示。

图 5-4-1 "Edit Component" 对话框

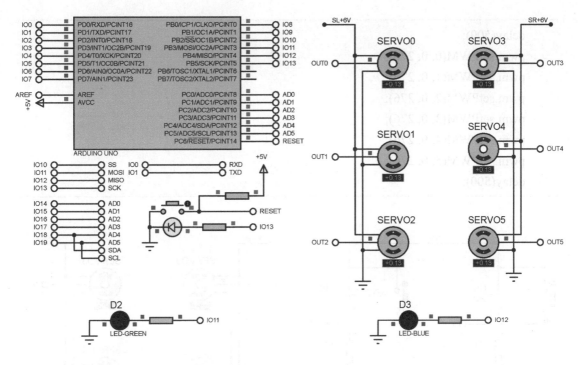

图 5-4-2　仿真结果 1

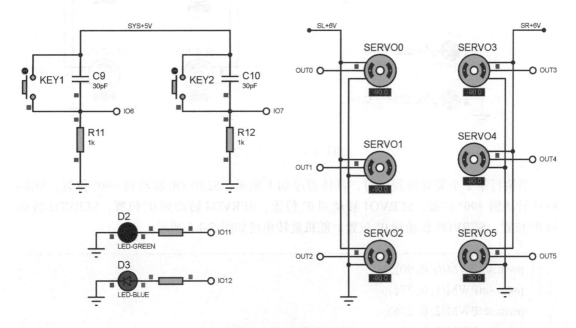

图 5-4-3　仿真结果 2

　　单击双足机器人电路中的独立按键 KEY2，示灯电路中的绿色发光二极管亮起。双足机器人执行动作需要 6 个舵机相互配合，本例中共执行 10 个姿势。当执行第 1 个姿势的程序时，具体程序如下所示，6 个舵机同时转动到 0° 位置，舵机旋转角度如图 5-4-4 所示。

```
delay(500);
pwm.setPWM(0, 0, 276);
pwm.setPWM(1, 0, 276);
pwm.setPWM(2, 0, 276);
pwm.setPWM(3, 0, 276);
pwm.setPWM(4, 0, 276);
pwm.setPWM(5, 0, 276);
delay(500);
```

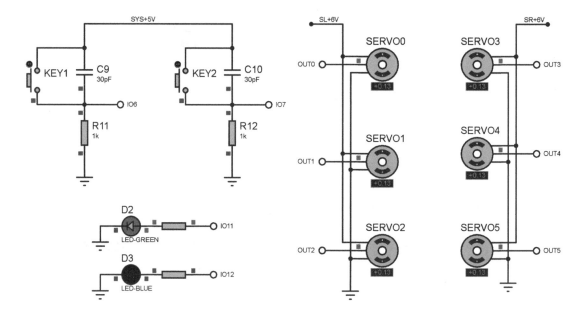

图 5-4-4　仿真结果 3

当执行第 2 个姿势的程序时，具体程序如下所示，SERVO0 转动到 −90° 位置，SER-VO3 转动到 +90° 位置，SERVO1 转动到 0° 位置，SERVO4 转动到 0° 位置，SERVO2 转动到 0° 位置，SERVO5 转动到 0° 位置，舵机旋转角度如图 5-4-5 所示。

```
pwm.setPWM(0, 0, 90);
pwm.setPWM(1, 0, 276);
pwm.setPWM(2, 0, 276);
pwm.setPWM(3, 0, 480);
pwm.setPWM(4, 0, 276);
pwm.setPWM(5, 0, 276);
delay(500);
```

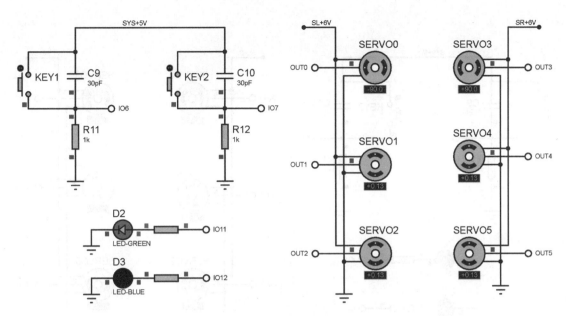

图 5-4-5　仿真结果 4

当执行第 3 个姿势的程序时，具体程序如下所示，SERVO0 转动到 −90° 位置，SER-VO3 转动到 +90° 位置，SERVO1 转动到 0° 位置，SERVO4 转动到 0° 位置，SERVO2 转动到 −90° 位置，SERVO5 转动到 +90° 位置，舵机旋转角度如图 5-4-6 所示。

```
pwm.setPWM(0, 0, 90);
pwm.setPWM(1, 0, 276);
pwm.setPWM(2, 0, 90);
pwm.setPWM(3, 0, 480);
pwm.setPWM(4, 0, 276);
pwm.setPWM(5, 0, 480);
delay(500);
```

当执行第 4 个姿势的程序时，具体程序如下所示，SERVO0 转动到 0° 位置，SERVO3 转动到 +90° 位置，SERVO1 转动到 0° 位置，SERVO4 转动到 0° 位置，SERVO2 转动到 −90° 位置，SERVO5 转动到 +90° 位置，舵机旋转角度如图 5-4-7 所示。

```
pwm.setPWM(0, 0, 276);
pwm.setPWM(1, 0, 276);
pwm.setPWM(2, 0, 90);
pwm.setPWM(3, 0, 480);
pwm.setPWM(4, 0, 276);
pwm.setPWM(5, 0, 480);
delay(500);
```

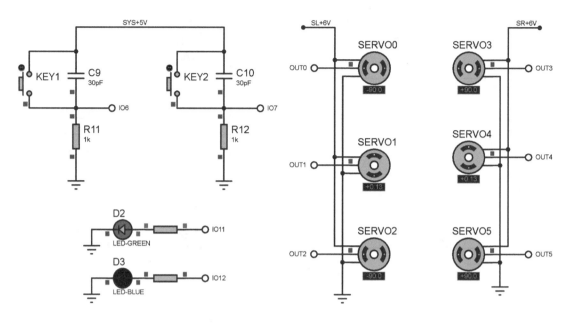

图 5-4-6　仿真结果 5

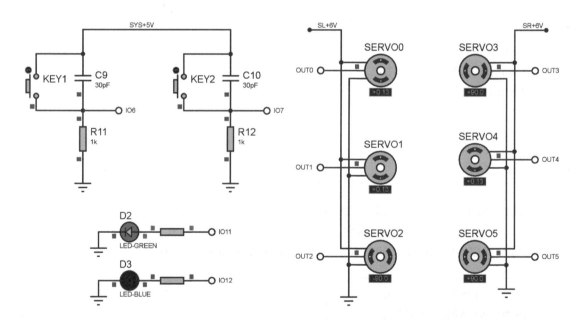

图 5-4-7　仿真结果 6

　　当执行第 5 个姿势的程序时，具体程序如下所示，SERVO0 转动到 0° 位置，SERVO3 转动到 +90° 位置，SERVO1 转动到 0° 位置，SERVO4 转动到 0° 位置，SERVO2 转动到 +90° 位置，SERVO5 转动到 +90° 位置，舵机旋转角度如图 5-4-8 所示。

```
pwm.setPWM(0, 0, 276);
pwm.setPWM(1, 0, 276);
pwm.setPWM(2, 0, 480);
pwm.setPWM(3, 0, 480);
pwm.setPWM(4, 0, 276);
pwm.setPWM(5, 0, 480);
delay(500);
```

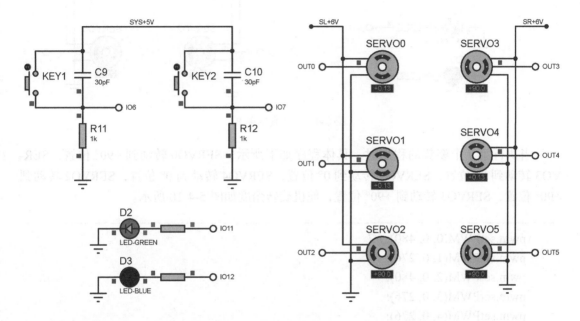

图 5-4-8　仿真结果 7

当执行第 6 个姿势的程序时，具体程序如下所示，SERVO0 转动到 +90° 位置，SER-VO3 转动到 +90° 位置，SERVO1 转动到 0° 位置，SERVO4 转动到 0° 位置，SERVO2 转动到 +90° 位置，SERVO5 转动到 +90° 位置，舵机旋转角度如图 5-4-9 所示。

```
pwm.setPWM(0, 0, 480); //6
pwm.setPWM(1, 0, 276);
pwm.setPWM(2, 0, 480);
pwm.setPWM(3, 0, 480);
pwm.setPWM(4, 0, 276);
pwm.setPWM(5, 0, 480);
delay(500);
```

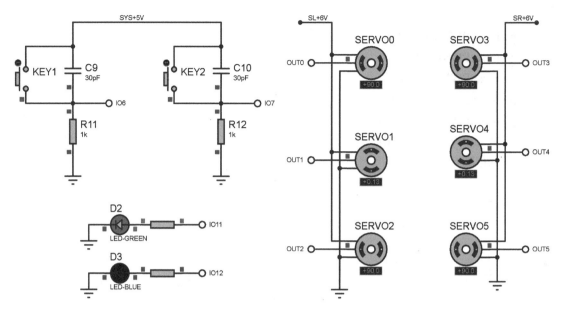

图 5-4-9　仿真结果 8

当执行第 7 个姿势的程序时，具体程序如下所示，SERVO0 转动到 +90° 位置，SER-VO3 转动到 0° 位置，SERVO1 转动到 0° 位置，SERVO4 转动到 0° 位置，SERVO2 转动到 +90° 位置，SERVO5 转动到 +90° 位置，舵机旋转角度如图 5-4-10 所示。

```
pwm.setPWM(0, 0, 480); //7
pwm.setPWM(1, 0, 276);
pwm.setPWM(2, 0, 480);
pwm.setPWM(3, 0, 276);
pwm.setPWM(4, 0, 276);
pwm.setPWM(5, 0, 480);
delay(500);
```

当执行第 8 个姿势的程序时，具体程序如下所示，SERVO0 转动到 +90° 位置，SER-VO3 转动到 0° 位置，SERVO1 转动到 0° 位置，SERVO4 转动到 0° 位置，SERVO2 转动到 +90° 位置，SERVO5 转动到 −90° 位置，舵机旋转角度如图 5-4-11 所示。

```
pwm.setPWM(0, 0, 480); //8
pwm.setPWM(1, 0, 276);
pwm.setPWM(2, 0, 480);
pwm.setPWM(3, 0, 276);
pwm.setPWM(4, 0, 276);
pwm.setPWM(5, 0, 90);
delay(500);
```

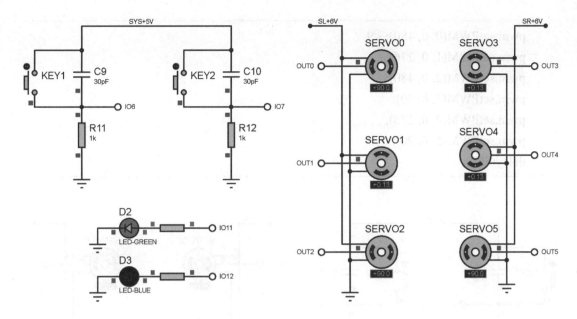

图 5-4-10　仿真结果 9

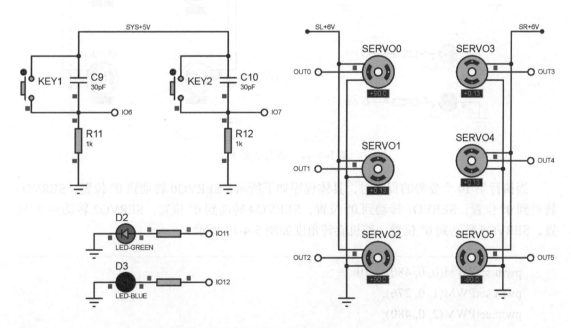

图 5-4-11　仿真结果 10

　　当执行第 9 个姿势的程序时，具体程序如下所示，SERVO0 转动到 +90° 位置，SER-VO3 转动到 −90° 位置，SERVO1 转动到 0° 位置，SERVO4 转动到 0° 位置，SERVO2 转动到 +90° 位置，SERVO5 转动到 −90° 位置，舵机旋转角度如图 5-4-12 所示。

```
pwm.setPWM(0, 0, 480); //9
pwm.setPWM(1, 0, 276);
pwm.setPWM(2, 0, 480);
pwm.setPWM(3, 0, 90);
pwm.setPWM(4, 0, 276);
pwm.setPWM(5, 0, 90);
delay(500);
```

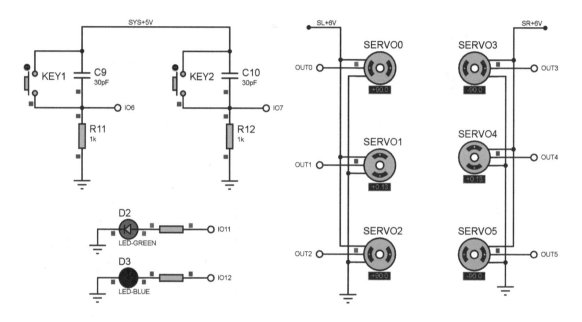

图 5-4-12　仿真结果 11

当执行第 10 个姿势的程序时，具体程序如下所示，SERVO0 转动到 0° 位置，SERVO3 转动到 0° 位置，SERVO1 转动到 0° 位置，SERVO4 转动到 0° 位置，SERVO2 转动到 0° 位置，SERVO5 转动到 0° 位置，舵机旋转角度如图 5-4-13 所示。

```
pwm.setPWM(0, 0, 480); //10
pwm.setPWM(1, 0, 276);
pwm.setPWM(2, 0, 480);
pwm.setPWM(3, 0, 90);
pwm.setPWM(4, 0, 276);
pwm.setPWM(5, 0, 90);
delay(500);
```

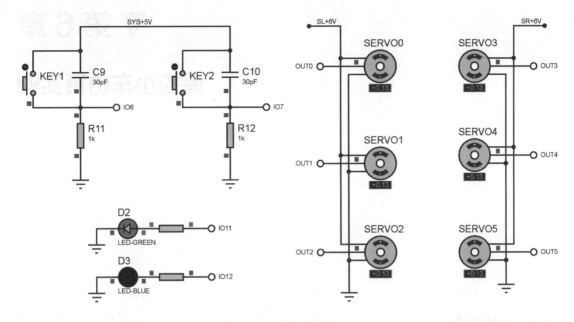

图 5-4-13　仿真结果 12

　　10 个姿势依次循环即可完成双足机器人向前翻滚动作。本节所编写的双足机器人向前翻滚动作动作不一定具有普遍性，读者要根据双足机器人实际舵机装配情况来编写姿势程序，所要遵循的原则就是将动作转化为若干个静态姿势。

☞ 小提示

◎ 读者可以自行编写双足机器人其他动作的程序。

◎ 读者可以增加舵机数量，最多可以控制 16 个舵机。

◎ 扫描右侧二维码可观看双足机器人向前翻滚动作仿真视频。

5.5　设计总结

　　双足机器人电路由电源电路、单片机最小系统电路、指示灯电路、舵机驱动电路和 PWM 电路组成，基本满足要求。读者可以根据本实例的设计方法来 DIY 舞蹈机器人。在实际应用中 1 路由 LM7806 组成的电源电路不宜为多个舵机供电，否则会造成 LM7806 损坏等不良后果。在编写双足机器人动作的程序时，应在姿势切换时，加入一定的延时，因为舵机转动到指定角度需要一定的时间。

▼ 第6章

遥控小车仿真实例

6.1 总体要求

本例将讲解如何 DIY 遥控小车。遥控小车可以根据遥控器指令来执行相关动作。遥控小车电路硬件系统主要包括小车主体单片机最小系统电路、小车主体指示灯电路、小车主体电动机驱动电路、小车主体电源电路、遥控器模式显示电路、遥控器独立按键电路、遥控器单片机最小系统电路等。本例遥控小车电路主要设计要求如下：

- ☺ 遥控器可以向遥控机器人发送前进指令；
- ☺ 遥控器可以向遥控机器人发送停止进指令；
- ☺ 遥控器可以向遥控机器人发送左转进指令；
- ☺ 遥控器可以向遥控机器人发送右转进指令；
- ☺ 遥控机器人左转时应有黄色指示灯指示；
- ☺ 遥控机器人右转时应有黄色指示灯指示；
- ☺ 遥控机器人前进时应有绿色指示灯指示；
- ☺ 遥控机器人停止时应有黄色指示灯指示。

6.2 硬件电路设计

6.2.1 遥控小车主体单片机最小系统电路

新建仿真工程文件，并命名为"Telecontrol"。遥控小车主体单片机最小系统电路包含了单片机电路、晶振电路和复位电路。单片机最小系统电路包含了包括单片机电路和复位电路等。在 Proteus 软件中绘制出的遥控小车主体单片机最小系统电路如图 6-2-1 所示。遥控小车主体单片机最小系统电路主要作用接收遥控器信号来驱动 2 个直流电动机。

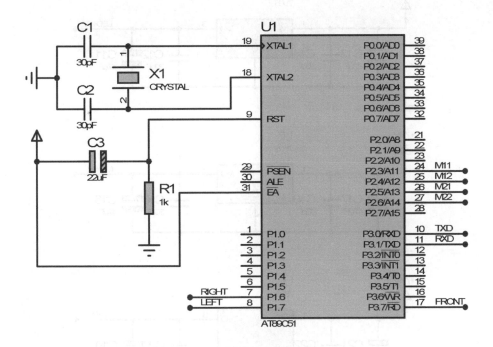

图 6-2-1　单片机最小系统电路

☞ 小提示

◎ 51 单片机中的网络标号在后续小节具有讲解。

◎ 双击元件即可观察到元件的详细信息。

6.2.2　遥控小车主体电源电路

遥控小车主体的电源需要 2 块锂电池串联，电压约为 +7.4V。遥控小车主体电源电路主要 3 路稳压电源电路组成并且为不同的电源网络：第 1 路稳压电源电路由 7805 等元器件组成，将 +7.4V 电压转换为 +5V，为单片机及 LED 指示灯电路供电；第 2 路稳压电源电路由 7805 等元器件组成，将 +7.4V 电压转换为 +5V，为电动机 M1 供电；第 3 路稳压电源电路由 7805 等元件组成，将 +7.4V 电压转换为 +5V，为电动机 M2 供电。在 Proteus 软件中绘制出的遥控小车主体电源电路如图 6-2-2 所示。

☞ 小提示

◎ 在元件库中搜索 "7805" 关键字，即可找到 7805 稳压芯片。

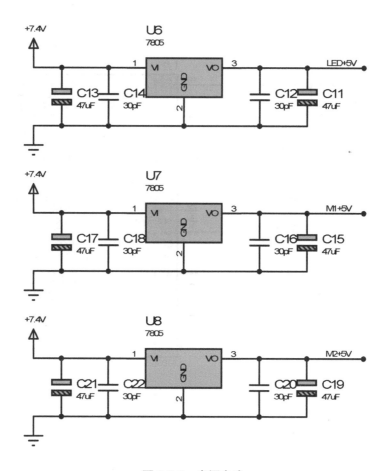

图 6-2-2　电源电路

6.2.3　遥控小车主体电动机驱动电路

遥控小车主体拥有 2 个驱动电动机和 1 个万向轮，因此需要 2 路电动机驱动电路。本例中的电动机驱动电路全部由分立元件组成，可以驱动 2 个电动机。在 Proteus 软件中绘制出的电动机驱动电路如图 6-2-3 所示，电动机驱动电路主要由晶体管 PN4141、晶体管 PN4143、二极管 PN4001、电阻和直流电动机等元器件组成。

电动机 M1 驱动电路通过网络标号 "M11" 与 AT89C51 单片机的 P2.3 引脚相连，通过网络标号 "M12" 与 AT89C51 单片机的 P2.4 引脚相连，通过网络标号 "M1+5V" 与 +5V 电源网络相连。电动机 M2 驱动电路通过网络标号 "M21" 与 AT89C51 单片机的 P2.5 引脚相连，通过网络标号 "M22" 与 AT89C51 单片机的 P2.6 引脚相连，通过网络标号 "M2+5V" 与 +5V 电源网络相连。

☞ 小提示

◎ 在元件库中搜索 "PN4141" 关键字，即可找到相关三极管。

◎ 在元件库中搜索 "1N4001" 关键字，即可找到相关二极管。

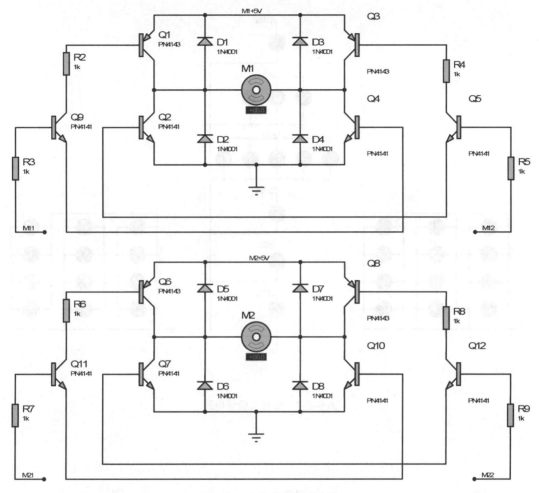

图 6-2-3　电动机驱动电路

6.2.4　遥控小车主体指示灯电路

遥控小车主体指示灯电路包含光耦模块电路和发光二极管电路。在 Proteus 软件中绘制出的发光二极管电路如图 6-2-4 所示，绘制出的光耦模块电路如图 6-2-5 所示。光耦模块 U3 的引脚 1 通过网络标号"FRONT"与 AT89C51 单片机的 P3.7 引脚相连，引脚 2 连接"地"网络，引脚 4 通过网络标号"LED+5V"与 +5V 电源网络相连，引脚 3 通过网络标号"GREEN"与直行指示灯电路相连；光耦模块 U4 的引脚 1 通过网络标号"RIGHT"与 AT89C51 单片机的 P1.6 引脚相连，引脚 2 连接"地"网络，引脚 4 通过网络标号"LED+5V"与 +5V 电源网络相连，引脚 3 通过网络标号"RYELLOW"与右转指示灯电路相连；光耦模块 U5 的引脚 1 通过网络标号"LEFT"与 AT89C51 单片机的 P1.7 引脚相连，引脚 2 连接"地"网络，引脚 4 通过网络标号"LED+5V"与 +5V 电源网络相连，引脚 3 通过网络标号"LYELLOW"与左转指示灯电路相连。

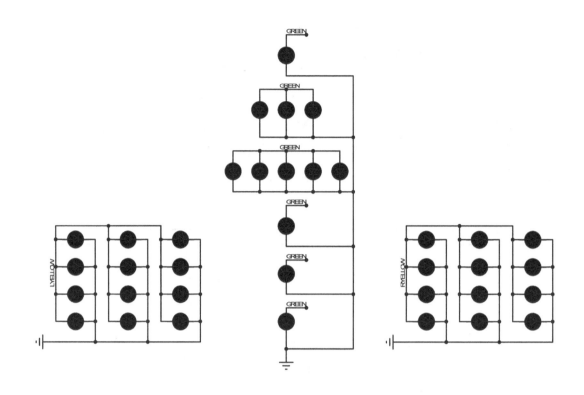

图 6-2-4　发光二极管电路

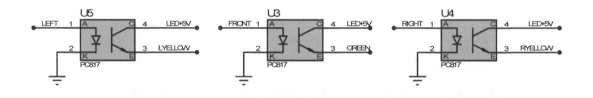

图 6-2-5　光耦模块电路

6.2.5　遥控器单片机最小系统电路

遥控器单片机最小系统电路如图 6-2-6 所示。单片机 U2 的 P3.0 引脚通过网络标号 "RXD" 与单片机 U1 的 P3.1 引脚相连，单片机 U2 的 P3.1 引脚通过网络标号 "TXD" 与单片机 U1 的 P3.0 引脚相连。单片机 U2 采集到的数据通过串口通信传送至单片机 U1。

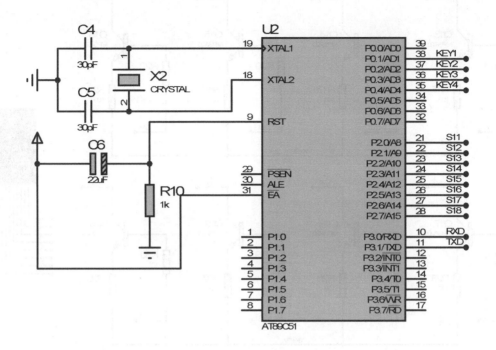

图 6-2-6　遥控器单片机最小系统电路

6.2.6　遥控器指示模块电路

遥控器指示模块电路如图 6-2-7 所示，主要由数码管、晶体管和电阻构成。晶体管 Q13 通过网络标号"S1"与数码管相连，电阻 R16 通过网络标号"S11"与单片机 U2 的 P2.0 引脚相连，电阻 R15 通过网络标号"YK+5V"接入 +5V 电源网络；晶体管 Q14 通过网络标号"S2"与数码管相连，电阻 R18 通过网络标号"S12"与单片机 U2 的 P2.1 引脚相连，电阻 R17 通过网络标号"YK+5V"接入 +5V 电源网络；晶体管 Q15 通过网络标号"S3"与数码管相连，电阻 R20 通过网络标号"S13"与单片机 U2 的 P2.2 引脚相连，电阻 R19 通过网络标号"YK+5V"接入 +5V 电源网络；晶体管 Q16 通过网络标号"S4"与数码管相连，电阻 R22 通过网络标号"S14"与单片机 U2 的 P2.3 引脚相连，电阻 R21 通过网络标号"YK+5V"接入 +5V 电源网络；晶体管 Q17 通过网络标号"S5"与数码管相连，电阻 R24 通过网络标号"S15"与单片机 U2 的 P2.4 引脚相连，电阻 R23 通过网络标号"YK+5V"接入 +5V 电源网络；晶体管 Q18 通过网络标号"S6"与数码管相连，电阻 R26 通过网络标号"S16"与单片机 U2 的 P2.5 引脚相连，电阻 R25 通过网络标号"YK+5V"接入 +5V 电源网络；晶体管 Q19 通过网络标号"S7"与数码管相连，电阻 R28 通过网络标号"S17"与单片机 U2 的 P2.6 引脚相连，电阻 R27 通过网络标号"YK+5V"接入 +5V 电源网络；晶体管 Q20 通过网络标号"S8"与数码管相连，电阻 R30 通过网络标号"S18"与单片机 U2 的 P2.7 引脚相连，电阻 R29 通过网络标号"YK+5V"接入 +5V 电源网络。

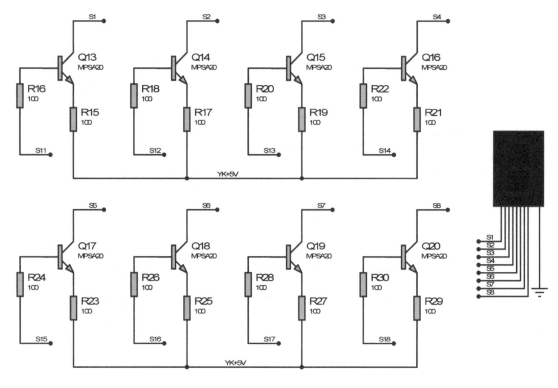

图 6-2-7　指示模块电路

6.2.7　遥控器电源电路

遥控器电路包含单片机最小系统电路、独立按键电路、电源电路和指示电路。在 Proteus 软件中绘制出的遥控器电源电路如图 6-2-8 所示，只需 1 路由 7805 器件构成的电源电路，其作用是为整个遥控器电路供电。

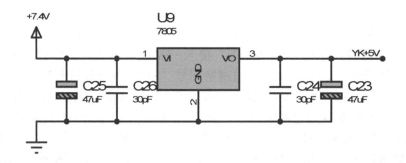

图 6-2-8　遥控器电源电路

6.2.8　遥控器独立按键电路

遥控器独立按键电路如图 6-2-9 所示，主要由独立按键、电容可电阻组成。第 1 路独立按键电路通过网络标号"YK+5V"接入 +5V 电源网络，通过网络标号"KEY1"与单片机 U2 的 P0.1 引脚相连；第 2 路独立按键电路通过网络标号"YK+5V"接入 +5V 电源网络，通过网络标号"KEY1"与单片机 U2 的 P0.2 引脚相连；第 3 路独立按键电路通过网络标号"YK+5V"接入 +5V 电源网络，通过网络标号"KEY3"与单片机 U2 的 P0.3 引脚相连；第 4 路独立按键电路通过网络标号"YK+5V"接入 +5V 电源网络，通过网络标号"KEY4"与单片机 U2 的 P0.4 引脚相连。

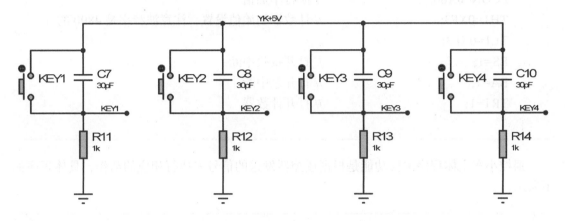

图 6-2-9　遥控器独立按键电路

6.3　单片机程序设计

6.3.1　遥控小车主体程序

启动 Keil 软件，新建 AT89C51 单片机工程，选择合适的保存路径并命名为"Car"，新建工程完毕后，在主窗口编写单片机 U1 的控制程序。定义单片机 U1 引脚，将 P2.3 引脚定义为 M11，将 P2.4 引脚定义为 M12，将 P2.5 引脚定义为 M21，将 P2.6 引脚定义为 M22，将 P3.7 引脚定义为 FRONT，将 P1.6 引脚定义为 RIGHT，将 P1.7 引脚定义为 LEFT，具体程序如下所示。

```
sbit M11 = P2^3;
sbit M12 = P2^4;
sbit M21 = P2^5;
sbit M22 = P2^6;
sbit FRONT = P3^7;
sbit RIGHT = P1^6;
sbit LEFT = P1^7;
```

遥控小车需要进行通信，因此加入串口通信程序。只有初始化串口通信程序后，单片机 U1 才可以接收由单片机 U2 发送的信号，具体程序如下所示。

```
void UsartConfiguration()
{
    SCON=0X50;              // 设置为工作方式 1
    TMOD=0X20;              // 设置计数器工作方式 2
    PCON=0X80;              // 波特率加倍
    TH1=0XF3;               // 计数器初始值设置，注意波特率是 4800 的
    TL1=0XF3;
    ES=1;                   // 打开接收中断
    EA=1;                   // 打开总中断
    TR1=1;                  // 打开计数器
}
```

遥控小车主体程序主要功能是根据遥控器发送的信号来执行相应的动作，具体程序如下所示。

```
while(1)
{
    while(RI==0);
    RI = 0;
    {                           // 接收中断标志位为 1 时接受数据头码
    UART_data1 = SBUF;
    if(UART_data1 == 0x01)
        {
            M11 = 1;
            M12 = 0;
            M21 = 1;
            M22 = 0;
            FRONT = 1;
            RIGHT = 0;
            LEFT = 0;
        }

    if(UART_data1 == 0x02)
        {
            M11 = 1;
            M12 = 0;
```

```
            M21 = 0;
            M22 = 0;
            FRONT = 0;
            RIGHT = 1;
            LEFT = 0;
        }

    if(UART_data1 == 0x03)
        {
            M11 = 0;
            M12 = 0;
            M21 = 1;
            M22 = 0;
            FRONT = 0;
            RIGHT = 0;
            LEFT = 1;
        }

    if(UART_data1 == 0x04)
        {
            M11 = 0;
            M12 = 0;
            M21 = 0;
            M22 = 0;
            FRONT = 0;
            RIGHT = 1;
            LEFT = 1;
        }
    }
}
```

遥控小车主体的整体程序如下所示。

```
#include<reg51.h>
#define Data P1
void UsartConfiguration();
sbit M11 = P2^3;
sbit M12 = P2^4;
```

```
sbit M21 = P2^5;
sbit M22 = P2^6;

sbit FRONT = P3^7;
sbit RIGHT = P1^6;
sbit LEFT = P1^7;

void DELAY_MS (unsigned int a)
 {
   unsigned int i;
   while( a-- != 0){
       for(i = 0; i < 600; i++);
   }
}
void main()
{
   unsigned char UART_data1;              // 定义串口接收数据变量

   DELAY_MS(1000);                        // 延时防止下载时死机
   UsartConfiguration();

   M11 = 0;
   M12 = 0;
   M21 = 0;
   M22 = 0;
   FRONT = 0;
   RIGHT = 0;
   LEFT = 0;

   while(1)
   {
               while(RI==0);
               RI = 0;
               {                          // 接收中断标志位为 1 时接受数据头码
               UART_data1 = SBUF;
               if(UART_data1 == 0x01)
                 {
                     M11 = 1;
```

```
            M12 = 0;
            M21 = 1;
            M22 = 0;
            FRONT = 1;
            RIGHT = 0;
            LEFT = 0;
        }

    if(UART_data1 == 0x02)
        {
            M11 = 1;
            M12 = 0;
            M21 = 0;
            M22 = 0;
            FRONT = 0;
            RIGHT = 1;
            LEFT = 0;
        }

    if(UART_data1 == 0x03)
        {
            M11 = 0;
            M12 = 0;
            M21 = 1;
            M22 = 0;
            FRONT = 0;
            RIGHT = 0;
            LEFT = 1;
        }

    if(UART_data1 == 0x04)
        {
            M11 = 0;
            M12 = 0;
            M21 = 0;
            M22 = 0;
            FRONT = 0;
            RIGHT = 1;
```

```
                            LEFT = 1;
                    }
                }

        }
    }

    void UsartConfiguration()
    {
        SCON=0X50;                        //设置为工作方式 1
        TMOD=0X20;                        //设置计数器工作方式 2
        PCON=0X80;                        //波特率加倍
        TH1=0XF3;                         //计数器初始值设置，注意波特率是 4800 的
        TL1=0XF3;
        ES=1;                             //打开接收中断
        EA=1;                             //打开总中断
        TR1=1;                            //打开计数器
    }
```

执行 Project → 🏗 Rebuild all target files 命令，编译成功后将输出 HEX 文件，"Build Output"栏如图 6-3-1 所示。

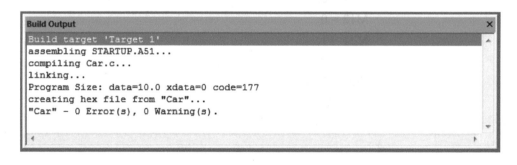

图 6-3-1 "Build Output" 栏

6.3.2 遥控器程序

启动 Keil 软件，新建 AT89C51 单片机工程，选择合适的保存路径并命名为"Remote"新建工程完毕后，在主窗口编写单片机 U2 的控制程序。定义单片机 U2 引脚，将 P2 系列引脚整体定义为 GPIO_DIG，将 P0.1 引脚定义为 Key1，将 P0.2 引脚定义为 Key2，将 P0.3 引脚定义为 Key3，将 P0.4 引脚定义为 Key4，具体程序如下所示。

```
#define GPIO_DIG P2
sbit Key1 = P0^1;
sbit Key2 = P0^2;
sbit Key3 = P0^3;
sbit Key4 = P0^4;
```

遥控器程序也应该加入串口通信程序，以便单片机 U2 向单片机 U1 发送信号，具体程序如下所示。

```
void SerialInit()              //11.0592M 晶振，波特率 9600
{
   SCON=0X50;                  // 设置为工作方式 1
   TMOD=0X20;                  // 设置计数器工作方式 2
   PCON=0X80;                  // 波特率加倍
   TH1=0XF3;                   // 计数器初始值设置，注意波特率是 4800 的
   TL1=0XF3;
   ES=1;                       // 打开接收中断
   EA=1;                       // 打开总中断
   TR1=1;                      // 打开计数器
}
```

遥控器的整体程序如下所示。

```
#include<reg52.h>
unsigned char code DIG_CODE[17]={
0x3f,0x06,0x5b,0x4f,0x66,0x6d,0x7d,0x07,
0x7f,0x6f,0x77,0x7c,0x39,0x5e,0x79,0x71};
#define GPIO_DIG P2

sbit Key1 = P0^1;
sbit Key2 = P0^2;
sbit Key3 = P0^3;
sbit Key4 = P0^4;


#define uchar unsigned char
uchar rtemp,sflag;
void SerialInit()   //11.0592M 晶振，波特率 9600
```

```
{
    SCON=0X50;                        // 设置为工作方式 1
    TMOD=0X20;                        // 设置计数器工作方式 2
    PCON=0X80;                        // 波特率加倍
    TH1=0XF3;                         // 计数器初始值设置，注意波特率是 4800 的
    TL1=0XF3;
    ES=1;                             // 打开接收中断
    EA=1;                             // 打开总中断
    TR1=1;                            // 打开计数器
}

void Delay10ms(void)   // 误差 0μs
{
    unsigned char a,b,c;
    for(c=1;c>0;c--)
        for(b=38;b>0;b--)
            for(a=130;a>0;a--);
}

void main()
{
    GPIO_DIG = DIG_CODE[0];
    SerialInit();
    rtemp = 0x00;
    while(1)
    {
        if(Key1 == 1)
        {
            Delay10ms();
            while(Key1 == 1)
            {
                Delay10ms();
            }
            rtemp = 0x01;
            GPIO_DIG = DIG_CODE[1];
        }

        if(Key2 == 1)
        {
```

```
        Delay10ms();
        while(Key2 == 1)
        {
            Delay10ms();
        }
        rtemp = 0x02;
        GPIO_DIG = DIG_CODE[2];
    }

    if(Key3 == 1)
    {
        Delay10ms();
        while(Key3 == 1)
        {
            Delay10ms();
        }
        rtemp = 0x03;
        GPIO_DIG = DIG_CODE[3];
    }

    if(Key4 == 1)
    {
        Delay10ms();
        while(Key4 == 1)
        {
            Delay10ms();
        }
        rtemp = 0x04;
        GPIO_DIG = DIG_CODE[4];

    }

    {
        //ES=0;                          // 发送期间关闭串口中断
        sflag=0;
        SBUF=rtemp;
        while(!TI);
        TI=0;
        //ES=1;                          // 发送完成开串口中断
```

```
            }
        }
    }
```

执行 `Project` → `Rebuild all target files` 命令，编译成功后将输出 HEX 文件，"Build Output"栏如图 6-3-2 所示。

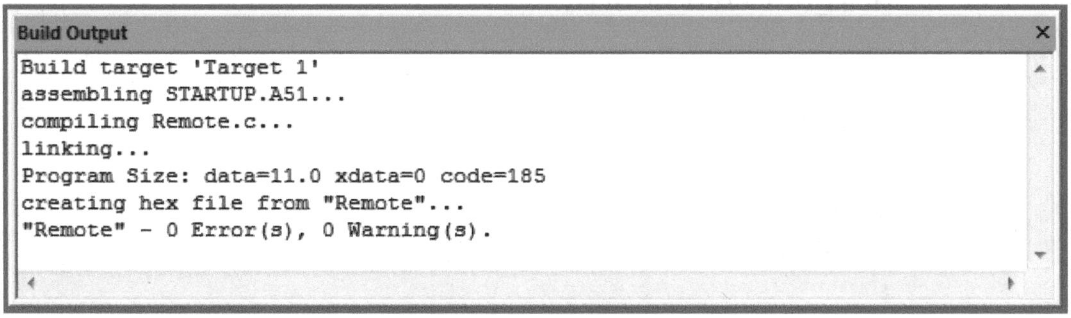

图 6-3-2 "Build Output"栏

6.4 整体仿真测试

双击 AT89C51 单片机 U1，弹出"Edit Component"对话框，将 6.3.1 节创建的 HEX 文件加载到 AT89C51 单片机 U1 中，如图 6-4-1 所示。双击 AT89C51 单片机 U2，弹出"Edit Component"对话框，将 6.3.2 小节创建的 HEX 文件加载到 AT89C51 单片机 U2 中，如图 6-4-2 所示。

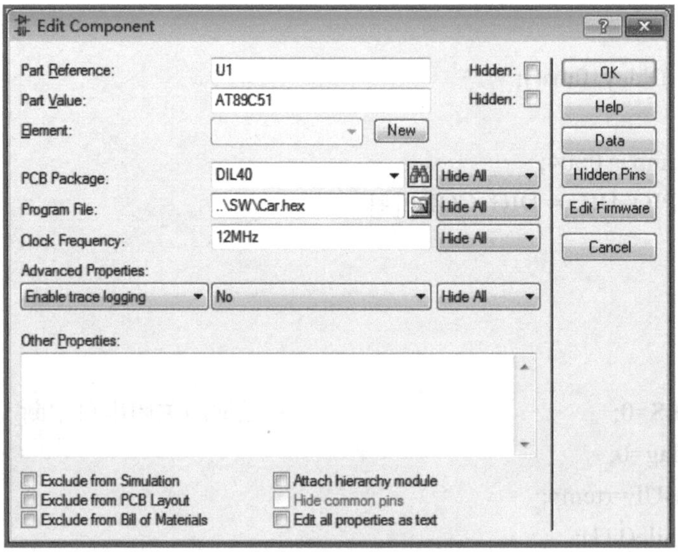

图 6-4-1 U1 加载 HEX 文件

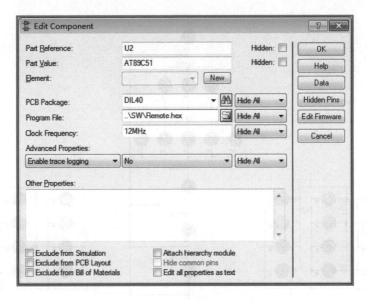

图 6-4-2　U2 加载 HEX 文件

执行 Debug → 🐾 Run Simulation 命令，运行遥控小车电路仿真。进入初始状态时，单片机 U2 向单片机 U1 发送模式 0 信号。此时，遥控器的显示模块显示为 "0"，如图 6-4-3 所示。遥控小车主体显示电路中的发光二极管均熄灭，如图 6-4-4 所示。遥控小车主体直流电机驱动电路中的直流电机均不转动，如图 6-4-5 所示，代表遥控小车接收到模式 0 信号后，处于初始状态。

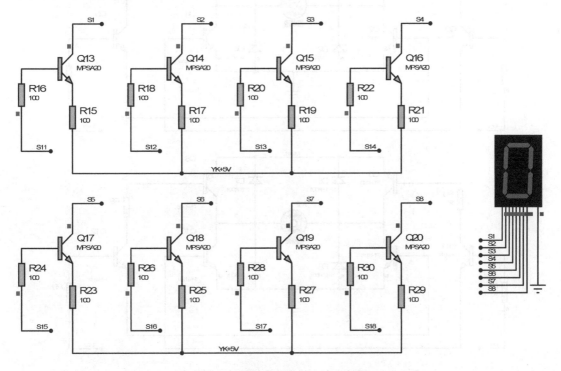

图 6-4-3　遥控器的显示模块仿真结果 1

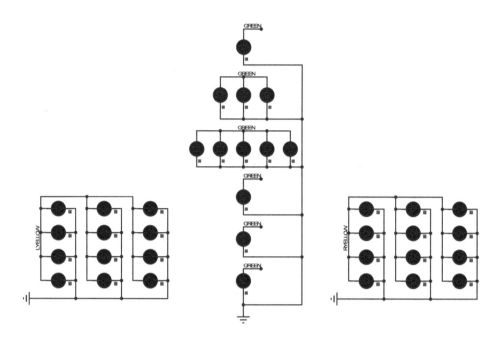

图 6-4-4　遥控小车主体显示电路仿真结果 1

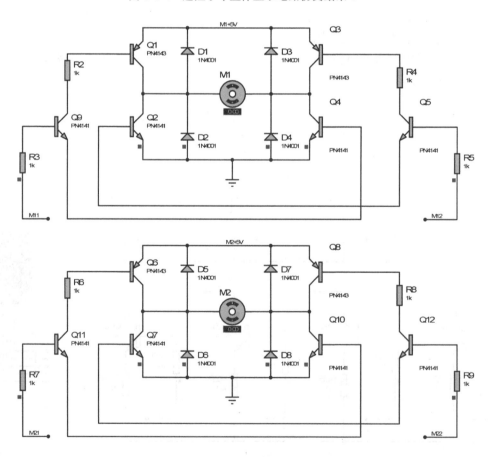

图 6-4-5　遥控小车主体直流电机驱动电路仿真结果 1

单击遥控器电路中独立按键 KEY1，使遥控器向遥控小车主体发送模式 1 信号。此时，遥控器的显示模块显示为"1"，如图 6-4-6 所示。遥控小车主体显示电路中的绿色发光二极管亮起，两侧的黄色指示灯均熄灭，如图 6-4-7 所示。遥控小车主体直流电动机驱动电路中的直流电动机均转动，如图 6-4-8 所示，代表遥控小车接收到模式 1 信号后，开始直行。

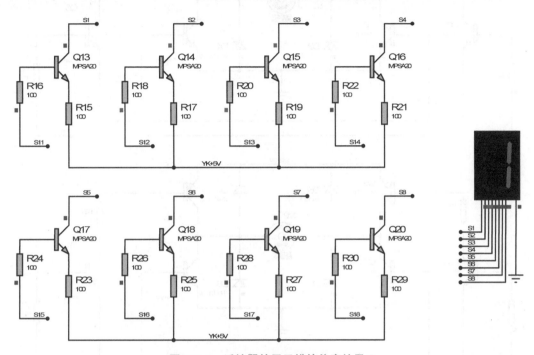

图 6-4-6　遥控器的显示模块仿真结果 2

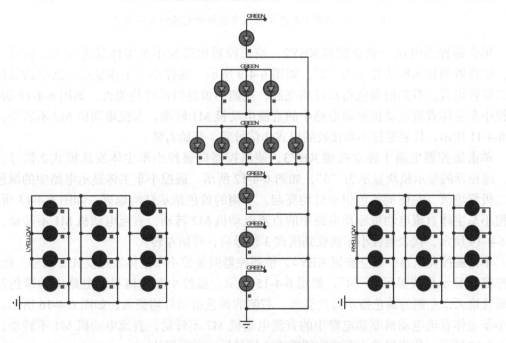

图 6-4-7　遥控小车主体显示电路仿真结果 2

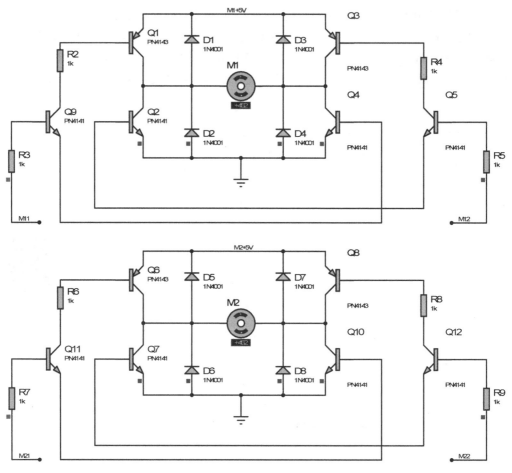

图 6-4-8　遥控小车主体直流电机驱动电路仿真结果 2

　　单击遥控器电路中独立按键 KEY2，使遥控器向遥控小车主体发送模式 2 信号。此时，遥控器的显示模块显示为"2"，如图 6-4-9 所示。遥控小车主体显示电路中的绿色发光二极管熄灭，右侧的黄色指示灯均亮起，左侧的黄色指示灯均熄灭，如图 6-4-10 所示。遥控小车主体直流电动机驱动电路中的直流电动机 M1 转动，直流电动机 M2 不转动，如图 6-4-11 所示，代表遥控小车接收到模式 2 信号后，开始右转。

　　单击遥控器电路中独立按键 KEY3，使遥控器向遥控小车主体发送模式 2 信号。此时，遥控器的显示模块显示为"3"，如图 6-4-12 所示。遥控小车主体显示电路中的绿色发光二极管熄灭，左侧的黄色指示灯均亮起，右侧的黄色指示灯均熄灭，如图 6-4-13 所示。遥控小车主体直流电动机驱动电路中的直流电动机 M2 转动，直流电动机 M1 不转动，如图 6-4-14 所示，代表遥控小车接收到模式 3 信号后，开始左转。

　　单击遥控器电路中独立按键 KEY4，使遥控器向遥控小车主体发送模式 2 信号。此时，遥控器的显示模块显示为"4"，如图 6-4-15 所示。遥控小车主体显示电路中的绿色发光二极管熄灭，左侧的黄色指示灯均亮起，右侧的黄色指示灯均亮灭，如图 6-4-16 所示。遥控小车主体直流电动机驱动电路中的直流电动机 M2 不转动，直流电动机 M1 不转动，如图 6-4-17 所示，代表遥控小车接收到模式 4 信号后，运行停止。

🖎 小提示

◎ 读者可以自行设置遥控小车的其他状态。

◎ 遥控小车状态切换时需要一定的时间。

◎ 扫描右侧二维码可观看遥控小车仿真视频。

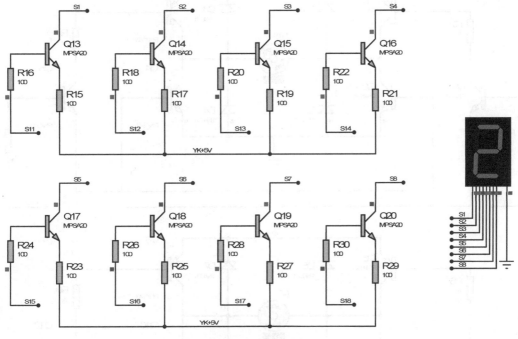

图 6-4-9　遥控器的显示模块仿真结果 3

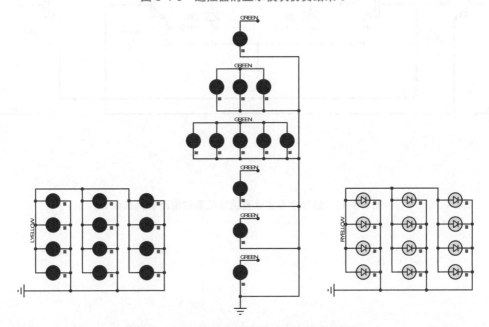

图 6-4-10　遥控小车主体显示电路仿真结果 3

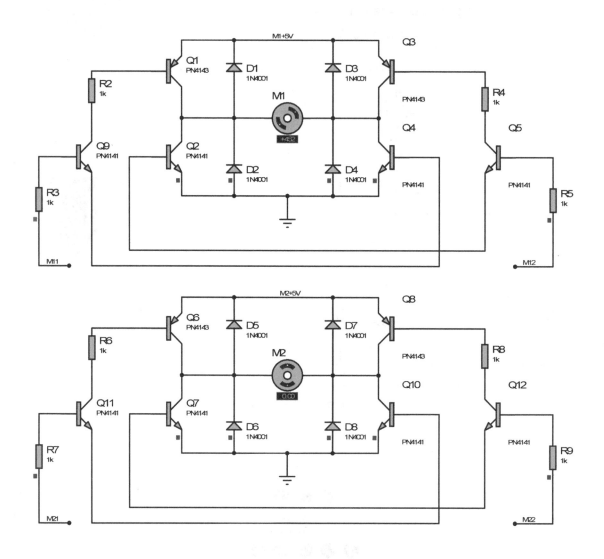

图 6-4-11 遥控小车主体直流电机驱动电路仿真结果 3

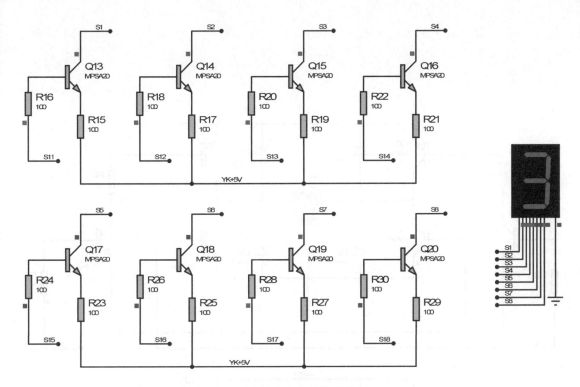

图 6-4-12　遥控器的显示模块仿真结果 4

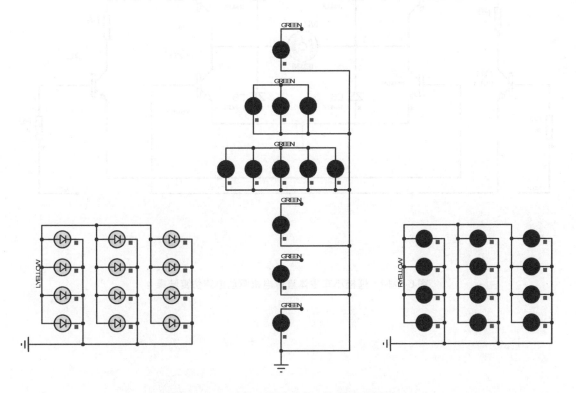

图 6-4-13　遥控小车主体显示电路仿真结果 4

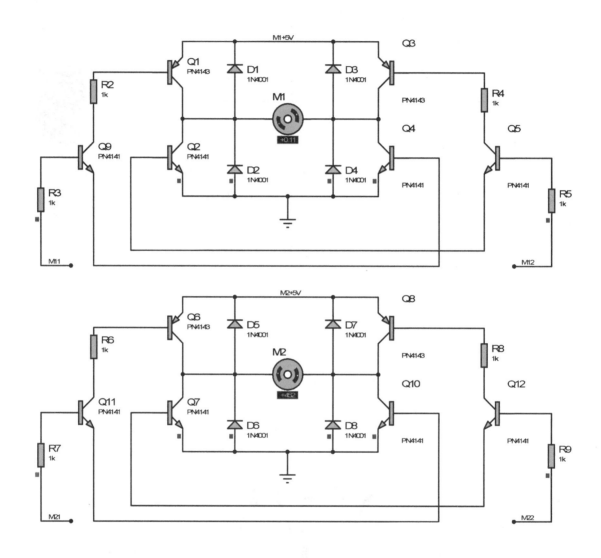

图 6-4-14　遥控小车主体直流电机驱动电路仿真结果 4

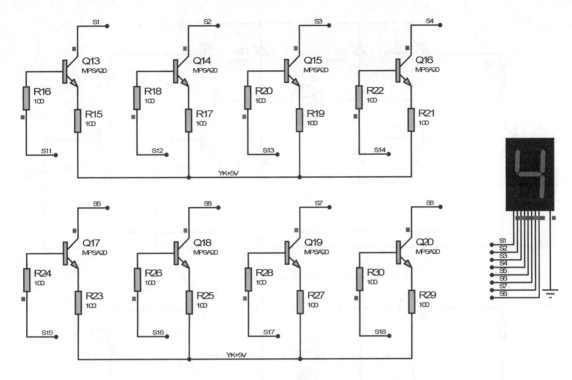

图 6-4-15　遥控器的显示模块仿真结果 5

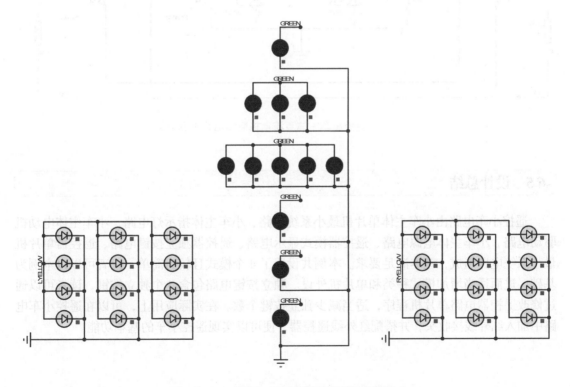

图 6-4-16　遥控小车主体显示电路仿真结果 5

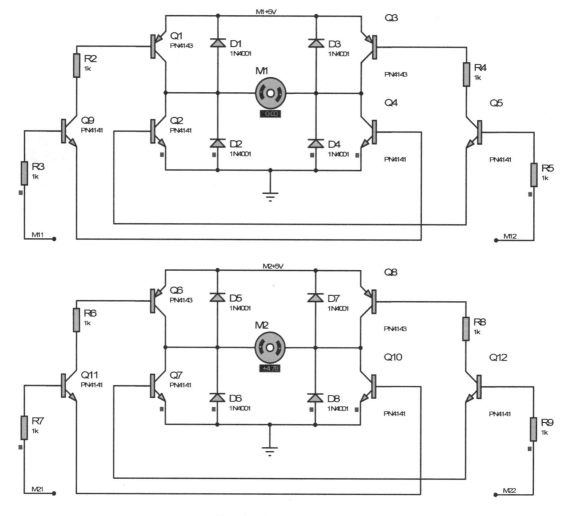

图 6-4-17　遥控小车主体直流电机驱动电路仿真结果 5

6.5　设计总结

　　遥控小车电路由小车主体单片机最小系统电路、小车主体指示灯电路、小车主体电动机驱动电路、小车主体电源电路、遥控器模式显示电路、遥控器独立按键电路、遥控器单片机最小系统电路组成，基本满足要求。本例共设置了 4 个模式且较为简单，读者可以以本例为基础，进而适当增加模式种类和单片机外设。独立按键电路包含 4 个独立按键，读者可以通过修改遥控器电路单片机程序，适当减少独立按键个数。在实际应用上，可以在遥控小车电路中加入红外线接收头，并搭配红外线遥控器，便可以实现遥控小车的基本功能。

第 7 章

循迹避障小车仿真实例

7.1　总体要求

本例将讲解如何 DIY 循迹避障小车。循迹避障小车电路硬件系统主要包括单片机最小系统电路、LCD1602 显示屏电路和键盘电路等，具备循迹和避障两种功能，循迹功能可以根据固定的路径向前行进；避障功能可以在一定的区域内躲避障碍物。本例循迹避障小车电路主要设计要求如下：

☺ 循迹避障小车包含 2 种模式，分别是循迹模式和避障模式；

☺ 在程序初始化时，可以通过键盘电路来设置模式；

☺ LCD1602 显示电路可以显示当前循迹避障的模式；

☺ 当循迹避障设置为循迹模式时，循迹避障可以沿地图上的黑色路径行进；

☺ 当循迹避障设置为避障模式时，循迹避障可以在地图上躲避红色障碍物。

7.2　硬件电路设计

7.2.1　单片机最小系统电路

新建可视化仿真工程文件，并命名为"FollowAvoid"。单片机最小系统电路包含了单片机电路、晶振电路和复位电路。单片机最小系统电路包含了包括单片机电路和复位电路等。在 Proteus 软件中绘制出的单片机最小系统电路如图 7-2-1 所示。

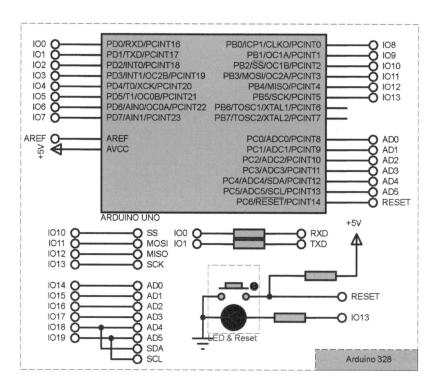

图 7-2-1　单片机最小系统

☞ 小提示

◎ Arduino 单片机中的网络标号在可视化编程环境中可以自动匹配。

◎ 双击元器件即可观察到元器件的详细信息。

◎ 选择 Arduino Uno"为控制器。

◎ 选择 "Visual Designer for AVR" 为编译环境。

7.2.2　LCD1602 显示屏电路

在 Visual Designer 界面，右键单击工程树中的 ◢ 📂 **ARDUINO UNO(U1)**，弹出子菜单。单击子菜单中 Add Peripheral，弹出 "Select Peripheral" 对话框。在 "Select Peripheral" 对话框中，Peripheral Category 选择 Grove，元件选择 Grove RGB LCD Module，如图 7-2-2 所示。

单击 "Select Peripheral" 对话框中的 ［　Add　］ 按钮，即可将 Grove RGB LCD Module 元件放置在图纸上，放置完毕后，Schematic Capture 界面中原理图如图 7-2-3 所示。LCD1602 显示屏电路通过 IIC 接口与单片机最小系统电路相连。

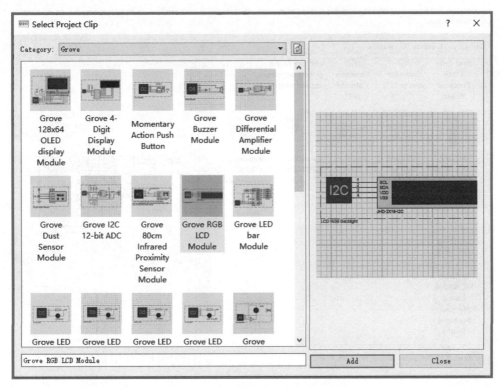

图 7-2-2 "Select Peripheral" 对话框

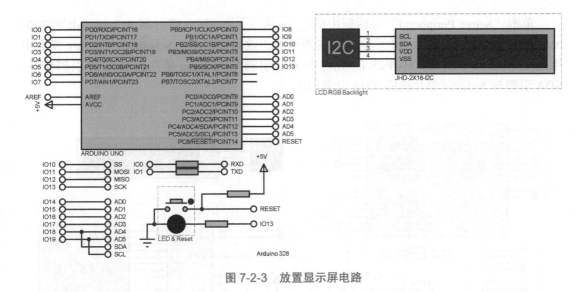

图 7-2-3 放置显示屏电路

7.2.3 键盘电路

在 Visual Designer 界面，右键单击工程树中的 ◢ 🗁 **ARDUINO UNO(U1)**，弹出子菜单。单击子菜单中 Add Peripheral，弹出 "Select Peripheral" 对话框。在 "Select Peripheral" 对话框中，Peripheral Category 选择 Breakout Peripherals，元件选择 Arduino MCP23008 based Keypad Breakout Board，如图 7-2-4 所示。

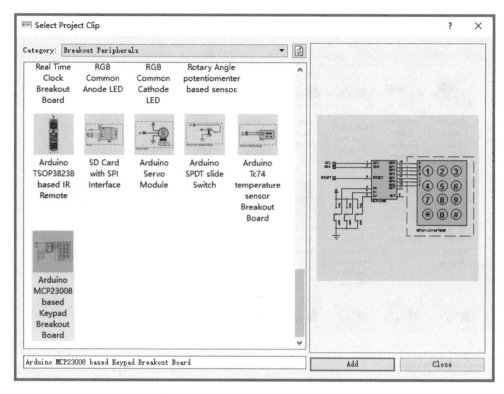

图 7-2-4 "Select Peripheral" 对话框

单击 "Select Peripheral" 对话框中的 Add 按钮，即可将 Arduino MCP23008 based Keypad Breakout Board 元件放置在图纸上，放置完毕后，Schematic Capture 界面中原理图如图 7-2-5 所示。MCP23008 元件中 SCL 引脚与 Arduino 单片机的 IO19 引脚相连，SDA 引脚与 Arduino 单片机的 IO18 引脚相连。

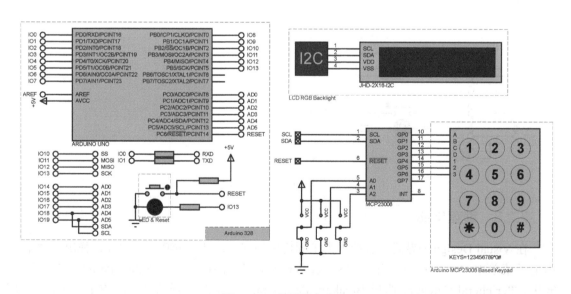

图 7-2-5 放置键盘电路

7.2.4　小车电路

在 Visual Designer 界面，右键单击工程树中的 ◢ 📂 **ARDUINO UNO(U1)**，弹出子菜单。单击子菜单中 Add Peripheral，弹出"Select Peripheral"对话框。在"Select Peripheral"对话框中，Peripheral Category 选择 Motor Control，元件选择 Arduino Turtle，如图 7-2-6 所示。

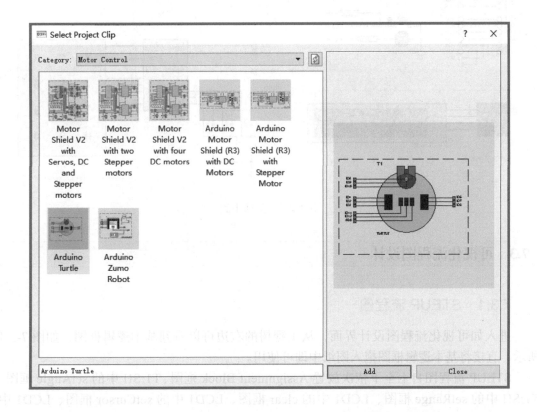

图 7-2-6　"Select Peripheral"对话框

单击"Select Peripheral"对话框中的 Add 按钮，即可将 Grove 4-Digit Display Module 元件放置在图纸上，小车电路放置完毕后，全部原理图已经设计完毕，如图 7-2-7 所示。小车电路中的距离传感器与 Arduino 单片机的 IO8 引脚、IO9 引脚和 IO10 引脚相连，左轮驱动电机与 Arduino 单片机的 IO4 引脚、IO2 引脚和 IO3 引脚相连，右轮驱动电机与 Arduino 单片机的 IO4 引脚、IO2 引脚和 IO3 引脚相连，循迹传感器与 Arduino 单片机的 IO11 引脚、IO12 引脚和 AD0 引脚相连。

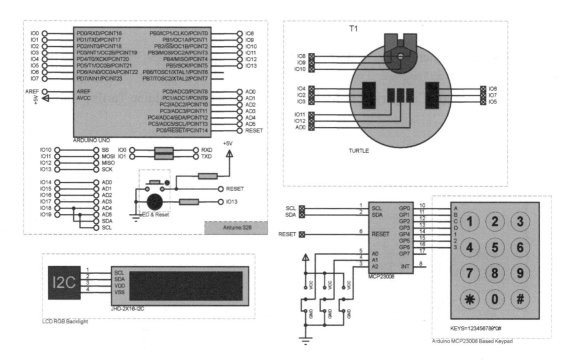

图 7-2-7　整体电路

7.3　可视化流程图设计

7.3.1　STEUP 流程图

进入如可视化流程图设计界面，从工程树的右边可以看到基本逻辑框图，如图 7-3-1 所示。直接将基本逻辑框图拖入图纸中即可使用。

STEUP 流程图自上至下依次放置 Assignment Block 框图、T1:SH 中的 setAngle 框图、T1:SH 中的 setRange 框图、LCD1 中的 clear 框图、LCD1 中的 setCursor 框图、LCD1 中的 print 框图、LCD1 中的 setCursor 框图、LCD1 中的 print 框图、KEYPAD1 中的 waitPress 框图、KEYPAD1 中的 getKey 框图、KEYPAD1 中的 waitRelease 框图、Assignment Block 框图和 Subroutine Call 框图（链接到 modeshow 子函数）。

双击 Assignment Block 框图，弹出"Edit Assignment Block"对话框，在 Variables 栏新建格式为 STRING 的变量 key，新建格式为 STRING 的变量 mode，新建格式为 FLOAT 的变量 pingValue，新建格式为 FLOAT 的变量 lastPingValue，新建格式为 INTEGER 的变量 speed，新建格式为 INTEGER 的变量 samePingValueCount，新建格式为 INTEGER 的变量 dir，新建格式为 INTEGER 的变量 count，新建格式为 INTEGER 的变量 range。在 Assignments 栏为变量赋初值，设置 pingValue=0.0，lastPingValue=0.0，samePingValueCount=0，speed=200，range=25，dir=0，mode=""。Assignment Block 框图全部参数设置如图 7-3-2 所示。

双击 setAngle 框图，弹出"Edit I/O Block"对话框，在 Argument 栏中将 Angle 设置为 0。setAngle 框图全部参数设置如图 7-3-3 所示。

双击 setRange 框图，弹出 "Edit I/O block" 对话框，在 Arguments 栏的 Range 栏输入 25，setRange 框图参数设置结果如图 7-3-4 所示。

双击 clear 框图，弹出 ～～～～～～～～～～～～～～～～～～～～～～～～ 如图 7-3-5 所示。

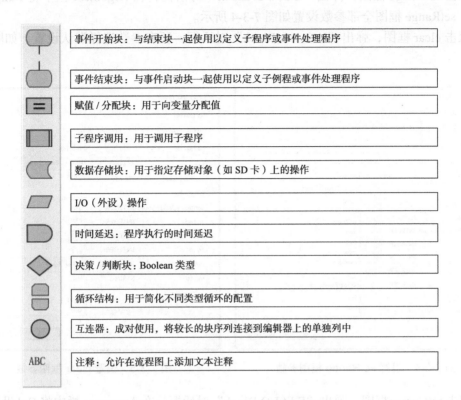

图 7-3-1　流程图中的基本逻辑框图

在 setCursor 框图，弹出 ～～～～～～～ 在 Arguments 栏中设置 Col 的值为 0，Row 的值为 0，setCursor 框图全部参数设置结果如图 7-3-6 所示。

双击 print 框图，弹出 "Edit I/O block" 对话框，在 Arguments 栏中填入 "Chao:Medan" print 框图参数设置结果如图 7-3-7 所示。

图 7-3-2　设置 Assignment Block 框图参数

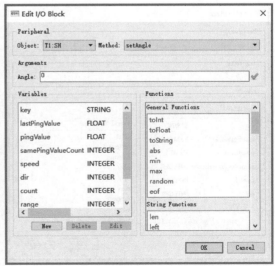

图 7-3-3　设置 setAngle 框图参数

双击 setRange 框图，弹出"Edit I/O Block"对话框，在 Argument 栏中将 Range 设置为 25。setRange 框图全部参数设置如图 7-3-4 所示。

双击 clear 框图，弹出"Edit I/O Block"对话框，所有参数选择默认设置，如图 7-3-5 所示。

图 7-3-4　设置 setRange 框图参数　　　　　图 7-3-5　设置 clear 框图参数

双击 setCursor 框图，弹出"Edit I/O Block"对话框，在 Argument 栏中将 Col 设置为 0，Row 设置为 0。setCursor 框图全部参数设置如图 7-3-6 所示。

双击 print 框图，弹出"Edit I/O Block"对话框，在 Arguments 栏中填入 "Choose Mode"。print 框图全部参数设置如图 7-3-7 所示。

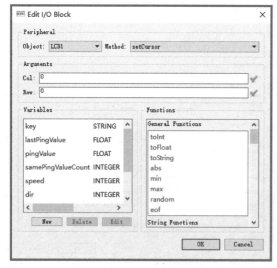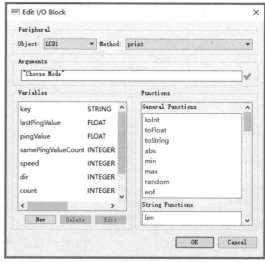

图 7-3-6　设置 setCursor 框图参数　　　　　图 7-3-7　设置 print 框图参数

双击 setCursor 框图，弹出"Edit I/O Block"对话框，在 Argument 栏中将 Col 设置为 0，Row 设置为 1。setCursor 框图全部参数设置如图 7-3-8 所示。

双击 print 框图，弹出"Edit I/O Block"对话框，在 Arguments 栏中填入 "1-A 2-F"。print 框图全部参数设置如图 7-3-9 所示。

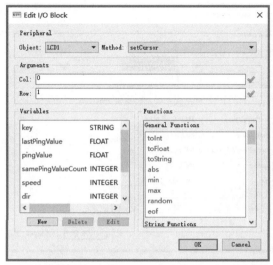

图 7-3-8　设置 setCursor 框图参数

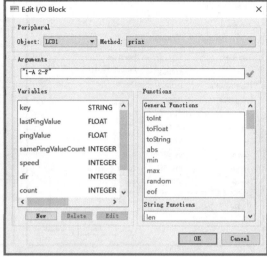

图 7-3-9　设置 print 框图参数

双击 waitPress 框图，弹出"Edit I/O Block"对话框，所有参数选择默认设置，如图 7-3-10 所示。

双击 getKey 框图，弹出"Edit I/O Block"对话框，在 Arguments 栏中将 Wait 设置为 FALSE，在 Results 栏中设置 key=>key。getKey 框图全部参数设置如图 7-3-11 所示。

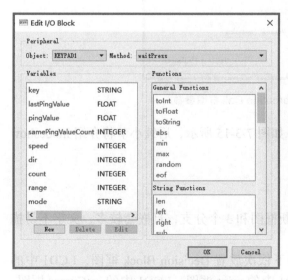

图 7-3-10　设置 waitPress 框图参数

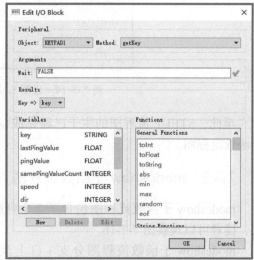

图 7-3-11　设置 getKey 框图参数

双击 waitRelease 框图，弹出"Edit I/O Block"对话框，所有参数选择默认设置，如图 7-3-12 所示。

双击 Assignment Block 框图，弹出"Edit Assignment Block"对话框，在 Assignments 栏为变量赋值，设置 mode=key。Assignment Block 框图全部参数设置如图 7-3-13 所示。

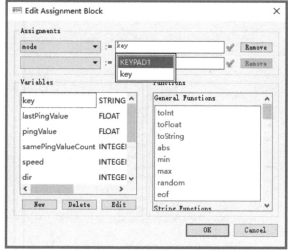

图 7-3-12　设置 waitRelease 框图参数　　　图 7-3-13　设置 Assignment Block 框图参数

双击 Subroutine Call 框图，弹出"Edit Subroutine Call"对话框，在 Subroutine to Call 栏中将 Sheet 设置为（all），Method 设置为 modeshow。Subroutine Call 框图全部参数设置如图 7-3-14 所示。

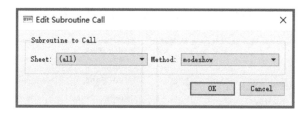

图 7-3-14　设置 Subroutine Call 框图参数

至此，STEUP 流程图的主干已经完成，如图 7-3-15 所示，后续小节将介绍 modeshow 子函数流程图。

7.3.2　modeshow 子函数流程图

modeshow 子函数流程图包含了 2 个判断框图和 3 个分支，且嵌套较多，文字不易描述，读者可以观察图 7-3-16。

modeshow 子函数流程图分支 1 自上至下依次放置 Decision Block 框图、LCD1 中的 clear 框图、LCD1 中的 setCursor 框图、LCD1 中的 print 框图、LCD1 中的 setCursor 框图、LCD1 中的 print 框图和 Time Delay 框图。

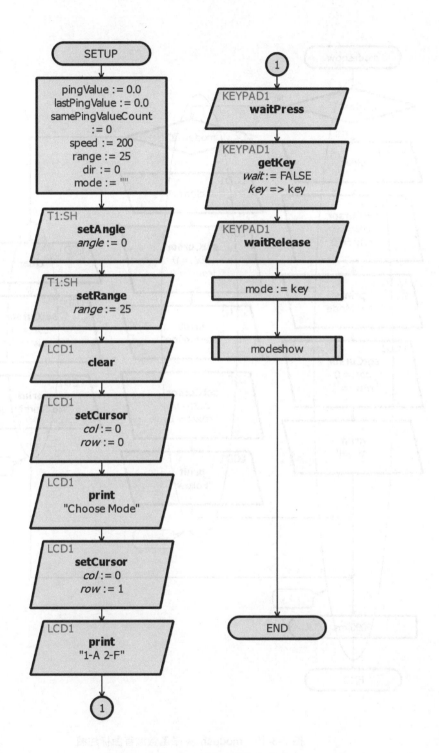

图 7-3-15   STEUP 流程图的主干

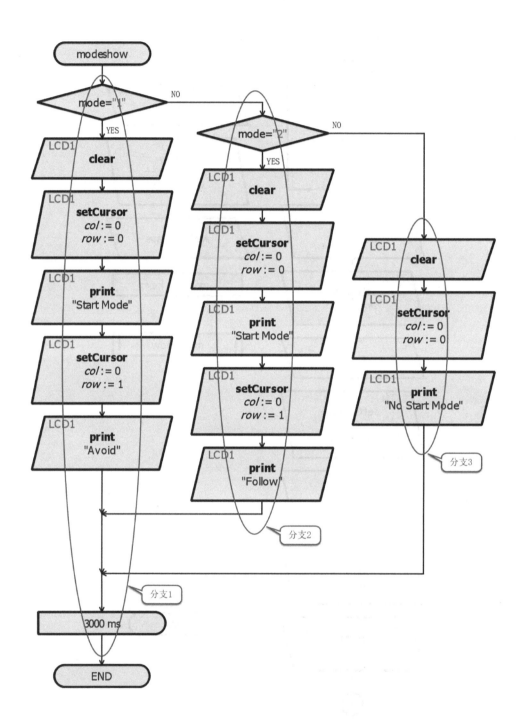

图 7-3-16　modeshow 子函数流程图标注图

双击 Decision Block 框图，弹出"Edit Decision Block"对话框，在 Condition 栏设置 mode=="1"。Decision Block 框图全部参数设置如图 7-3-17 所示。

双击 clear 框图，弹出"Edit I/O Block"对话框，所有参数选择默认设置，如图 7-3-18 所示。

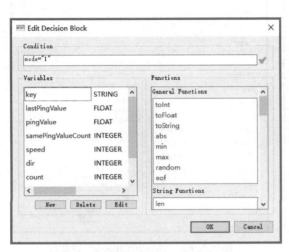

图 7-3-17 "Edit Decision Block"对话框   图 7-3-18 "Edit I/O Block"对话框

双击 setCursor 框图，弹出"Edit I/O Block"对话框，在 Argument 栏中将 Col 设置为 0，Row 设置为 0。setCursor 框图全部参数设置如图 7-3-19 所示。

双击 print 框图，弹出"Edit I/O Block"对话框，在 Arguments 栏中填入 "Start Mode"。print 框图全部参数设置如图 7-3-20 所示。

图 7-3-19 "Edit I/O Block"对话框   图 7-3-20 "Edit I/O Block"对话框

双击 setCursor 框图，弹出"Edit I/O Block"对话框，在 Argument 栏中将 Col 设置为 0，Row 设置为 1。setCursor 框图全部参数设置如图 7-3-21 所示。

双击 print 框图，弹出"Edit I/O Block"对话框，在 Arguments 栏中填入 "Avoid"。print 框图全部参数设置如图 7-3-22 所示。

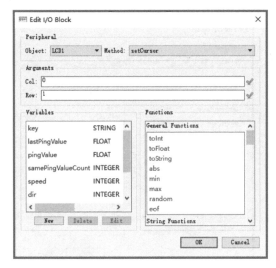

图 7-3-21 "Edit I/O Block"对话框

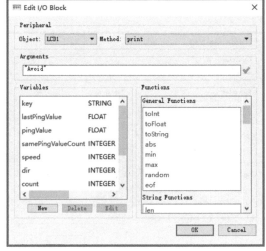

图 7-3-22 "Edit I/O Block"对话框

双击 Time Delay 框图，弹出"Edit Delay Block"对话框，在 Delay 栏中填写 3000。Time Delay 框图全部参数设置如图 7-3-23 所示。

modeshow 子函数流程图分支 2 自上至下依次放置 Decision Block 框图、LCD1 中的 clear 框图、LCD1 中的 setCursor 框图、LCD1 中的 print 框图、LCD1 中的 setCursor 框图和 LCD1 中的 print 框图。

双击 Decision Block 框图，弹出"Edit Decision Block"对话框，在 Condition 栏设置 mode=="2"。Decision Block 框图全部参数设置如图 7-3-24 所示。

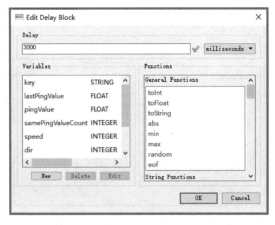

图 7-3-23 "Edit Delay Block"对话框

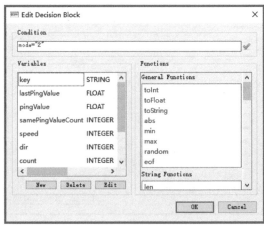

图 7-3-24 "Edit Decision Block"对话框

双击 clear 框图，弹出"Edit I/O Block"对话框，所有参数选择默认设置，如图 7-3-25 所示。

双击 setCursor 框图，弹出"Edit I/O Block"对话框，在 Argument 栏中将 Col 设置为 0，Row 设置为 0。setCursor 框图全部参数设置如图 7-3-26 所示。

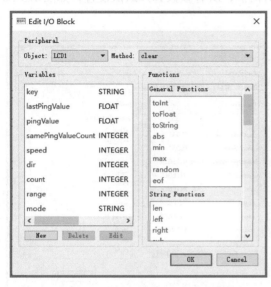

图 7-3-25 "Edit I/O Block"对话框

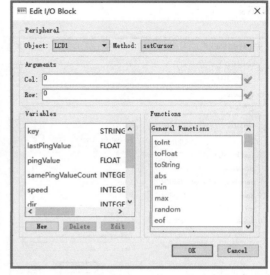

图 7-3-26 "Edit I/O Block"对话框

双击 print 框图，弹出"Edit I/O Block"对话框，在 Arguments 栏中填入 "Start Mode"。print 框图全部参数设置如图 7-3-27 所示。

双击 setCursor 框图，弹出"Edit I/O Block"对话框，在 Argument 栏中将 Col 设置为 0，Row 设置为 1。setCursor 框图全部参数设置如图 7-3-28 所示。

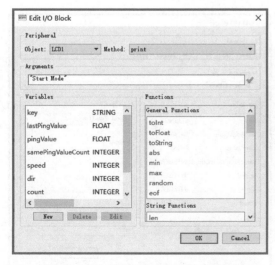

图 7-3-27 "Edit I/O Block"对话框

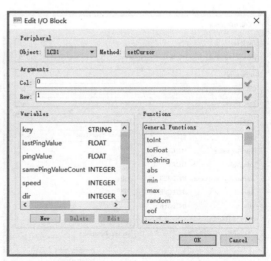

图 7-3-28 "Edit I/O Block"对话框

双击 print 框图，弹出"Edit I/O Block"对话框，在 Arguments 栏中填入 "Follow"。print 框图全部参数设置如图 7-3-29 所示。

modeshow 子函数流程图分支 3 自上至下依次放置和 LCD1 中的 clear 框图、LCD1 中的 setCursor 框图和 LCD1 中的 print 框图。

双击 clear 框图，弹出"Edit I/O Block"对话框，所有参数选择默认设置，如图 7-3-30 所示。

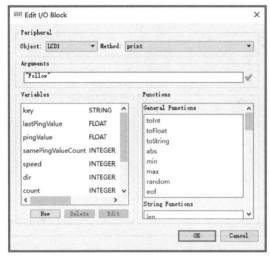

图 7-3-29 "Edit I/O Block"对话框

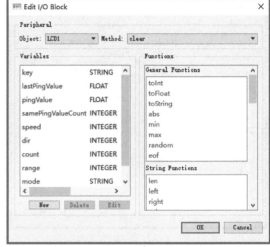

图 7-3-30 "Edit I/O Block"对话框

双击 setCursor 框图，弹出"Edit I/O Block"对话框，在 Arguments 栏中将 Col 设置为 0，Row 设置为 0。setCursor 框图全部参数设置如图 7-3-31 所示。

双击 print 框图，弹出"Edit I/O Block"对话框，在 Arguments 栏中填入 "No Start Mode"。print 框图全部参数设置如图 7-3-32 所示。

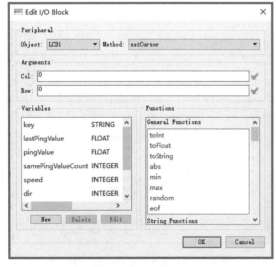

图 7-3-31 "Edit I/O Block"对话框

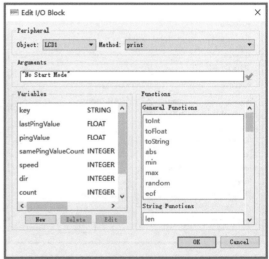

图 7-3-32 "Edit I/O Block"对话框

7.3.3 avoid 子函数流程图

avoid 子函数流程图嵌套较多，并且没有较为明确的分支结构，读者可以观察图 7-3-33 所示的 avoid 子函数流程图中框图标号，后续将按照此顺序各个框图进行参数设置。avoid 子函数流程图包含 T1:SH 中的 ping 框图、Decision Block 框图、Assignment Block 框图、Time Delay 框图、Assignment Block 框图、T1:SH 框图、T1:DRIVE 中的 forwards 框图、T1:DRIVE 中的 turn 框图、Time Delay 框图、Assignment Block 框图、Decision Block 框图、T1:DRIVE 中的 backwards 框图、Time Delay 框图、T1:DRIVE 中的 turn 框图和 Time Delay 框图。

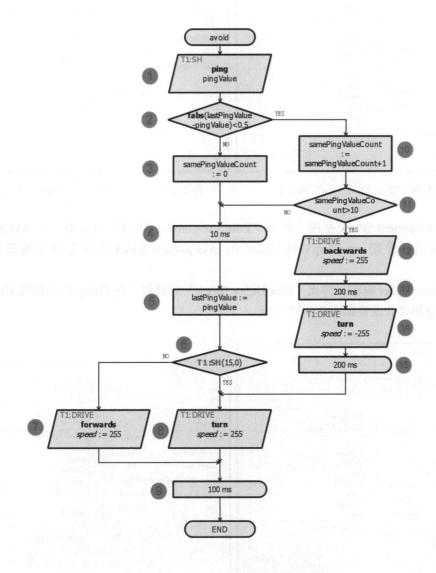

图 7-3-33 avoid 子函数流程图中框图标号

Proteus 实战攻略：从简单电路到单片机电路的仿真

双击 ping 框图，弹出"Edit I/O Block"对话框，在 Results 栏中参数设置 pingValue。ping 框图全部参数设置如图 7-3-34 所示。

双击 Decision Block 框图，弹出"Edit Decision Block"对话框，在 Condition 栏设置 fabs(lastPingValue-pingValue)<0.5。Decision Block 框图全部参数设置如图 7-3-35 所示。

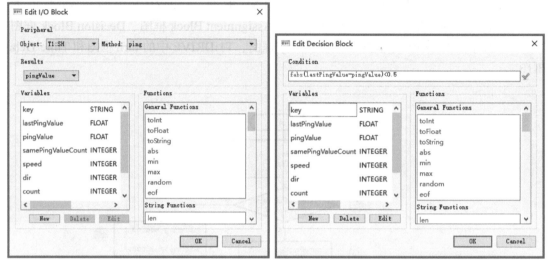

图 7-3-34 "Edit I/O Block"对话框　　　　图 7-3-35 "Edit Decision Block"对话框

双击 Assignment Block 框图，弹出"Edit Assignment Block"对话框，在 Assignments 栏为变量赋值，设置 samePingValueCount=0。Assignment Block 框图全部参数设置如图 7-3-36 所示。

双击 Time Delay 框图，弹出"Edit Delay Block"对话框，在 Delay 栏中填写 10。Time Delay 框图全部参数设置如图 7-3-37 所示。

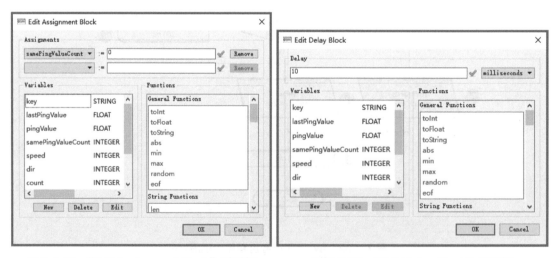

图 7-3-36 "Edit Assignment Block"对话框　　　图 7-3-37 "Edit Delay Block"对话框

双击 Assignment Block 框图，弹出"Edit Assignment Block"对话框，在 Assignments 栏为变量赋值，设置 lastPingValue=pingValue。Assignment Block 框图全部参数设置如图 7-3-38 所示。

双击 T1:SH 框图，弹出"Edit Decision Block"对话框，在 Condition 栏设置 T1:SH(15,0)。T1:SH 框图全部参数设置如图 7-3-39 所示。

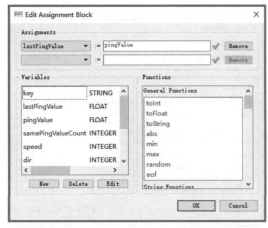

图 7-3-38 "Edit Assignment Block"对话框

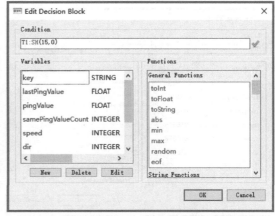

图 7-3-39 "Edit Decision Block"对话框

双击 forwards 框图，弹出"Edit I/O Block"对话框，在 Arguments 栏中将 Speed 设置为 255。forwards 框图全部参数设置如图 7-3-40 所示。

双击 turn 框图，弹出"Edit I/O Block"对话框，在 Arguments 栏中将 Speed 设置为 255。turn 框图全部参数设置如图 7-3-41 所示。

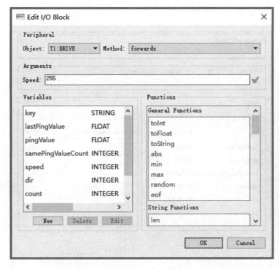

图 7-3-40 "Edit I/O Block"对话框

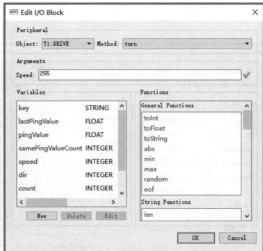

图 7-3-41 "Edit I/O Block"对话框

双击 Time Delay 框图，弹出"Edit Delay Block"对话框，在 Delay 栏中填写 100。
Time Delay 框图全部参数设置如图 7-3-42 所示。

双击 Assignment Block 框图，弹出"Edit Assignment Block"对话框，在 Assignments
栏为变量赋值，设置 samePingValueCount=samePingValueCount+1。Assignment Block 框图
全部参数设置如图 7-3-43 所示。

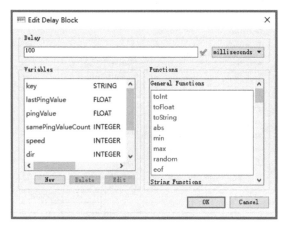

图 7-3-42 "Edit Delay Block"对话框

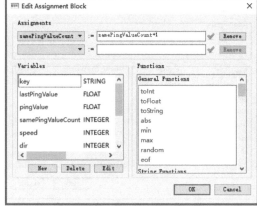

图 7-3-43 "Edit Assignment Block"对话框

双击 Decision Block 框图，弹出"Edit Decision Block"对话框，在 Condition 栏设置
samePingValueCount>10。Decision Block 框图全部参数设置如图 7-3-44 所示。

双击 backwards 框图，弹出"Edit I/O Block"对话框，在 Arguments 栏中将 Speed 设
置为 255。backwards 框图全部参数设置如图 7-3-45 所示。

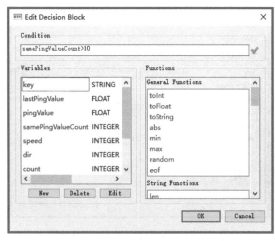

图 7-3-44 "Edit Decision Block"对话框

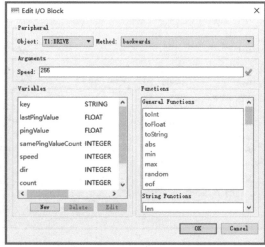

图 7-3-45 "Edit I/O Block"对话框

双击 Time Delay 框图，弹出"Edit Delay Block"对话框，在 Delay 栏中填写 200。Time Delay 框图全部参数设置如图 7-3-46 所示。

双击 turn 框图，弹出"Edit I/O Block"对话框，在 Arguments 栏中将 Speed 设置为 −255。turn 框图全部参数设置如图 7-3-47 所示。

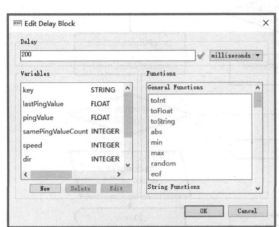

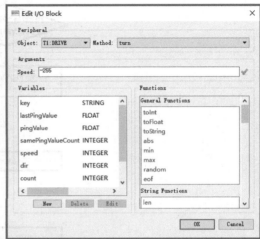

图 7-3-46　"Edit Delay Block"对话框　　图 7-3-47　"Edit I/O Block"对话框

双击 Time Delay 框图，弹出"Edit Delay Block"对话框，在 Delay 栏中填写 200。Time Delay 框图全部参数设置如图 7-3-48 所示。

至此，avoid 子函数流程图已经设计完毕，如图 7-3-49 所示。

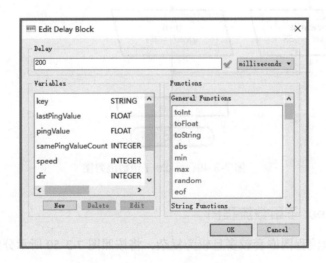

图 7-3-48　"Edit Delay Block"对话框

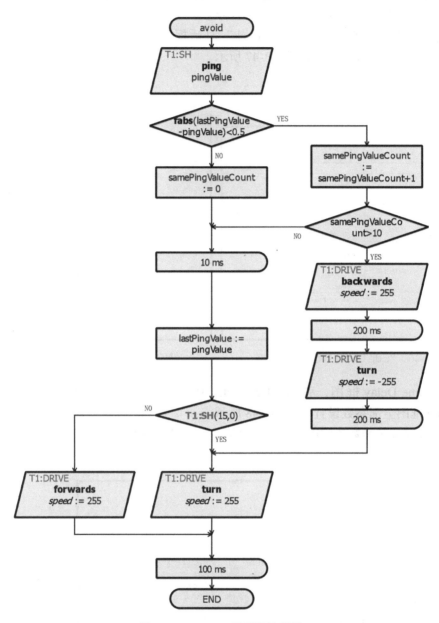

图 7-3-49 avoid 子函数流程图

7.3.4 Correct 子函数流程图

Correct 子函数流程图嵌套较多且较为复杂，将按照图 7-3-50 所示分组进行介绍，共分为 3 组框图。

Correct 子函数流程图第 1 组框图自上至下依次放置 Assignment Block 框图、Decision Block 框图、T1:DRIVE 中的 drive 框图、T1:DRIVE 中的 drive 框图、Time Delay 框图、Assignment Block 框图、Decision Block 框图和 T1:LH 框图。

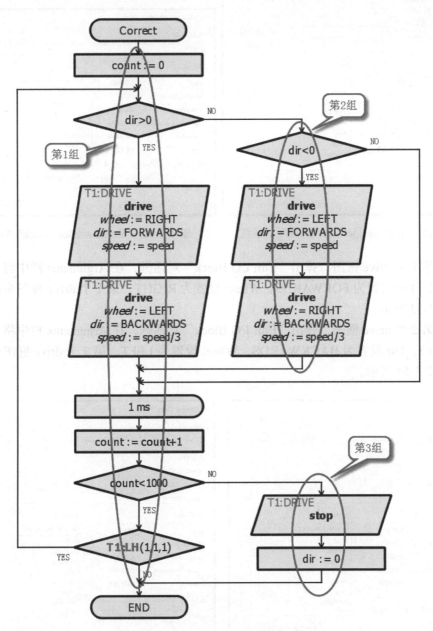

图 7-3-50　Correct 子函数流程图示意图

　　双击 Assignment Block 框图，弹出"Edit Assignment Block"对话框，在 Assignments 栏为变量赋值，设置 count=0。Assignment Block 框图全部参数设置如图 7-3-51 所示。

　　双击 Decision Block 框图，弹出"Edit Decision Block"对话框，在 Condition 栏设置 dir>0，Decision Block 框图全部参数设置如图 7-3-52 所示。

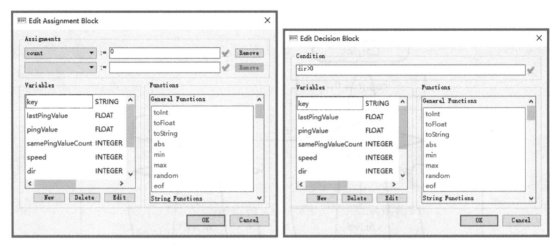

图 7-3-51　"Edit Assignment Block" 对话框　　　　图 7-3-52　"Edit Decision Block" 对话框

　　双击第 1 个 drive 框图，弹出 "Edit I/O Block" 对话框，在 Arguments 栏中将 Speed 设置为 speed，Dir 设置为 FORWARDS，Wheel 设置为 RIGHT，第 1 个 drive 框图全部参数设置如图 7-3-53 所示。

　　双击第 2 个 drive 框图，弹出 "Edit I/O Block" 对话框，在 Arguments 栏中将 Speed 设置为 speed/3，Dir 设置为 BACKWARDS，Wheel 设置为 LEFT，第 2 个 drive 框图全部参数设置如图 7-3-54 所示。

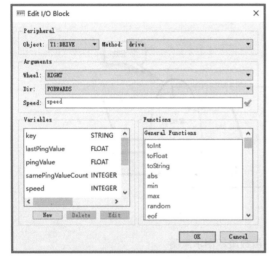 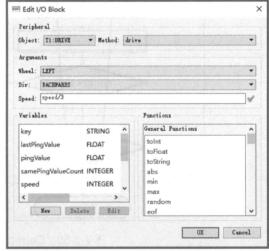

图 7-3-53　"Edit I/O Block" 对话框　　　　　图 7-3-54　"Edit I/O Block" 对话框

　　双击 Time Delay 框图，弹出 "Edit Delay Block" 对话框，在 Delay 栏中填写 1。Time Delay 框图全部参数设置如图 7-3-55 所示。

　　双击 Assignment Block 框图，弹出 "Edit Assignment Block" 对话框，在 Assignments 栏为变量赋值，设置 count=count+1。Assignment Block 框图全部参数设置如图 7-3-56 所示。

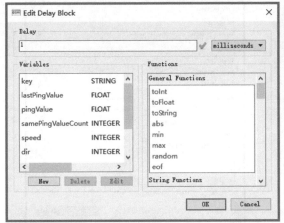

图 7-3-55 "Edit Delay Block"对话框

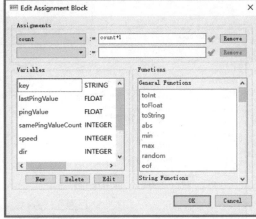

图 7-3-56 "Edit Assignment Block"对话框

双击 Decision Block 框图，弹出"Edit Decision Block"对话框，在 Condition 栏设置 dir<1000，Decision Block 框图全部参数设置如图 7-3-57 所示。

双击 T1:LH 框图，弹出"Edit Decision Block"对话框，在 Condition 栏设置 T1:LH(1,1,1)，T1:LH 框图全部参数设置如图 7-3-58 所示。

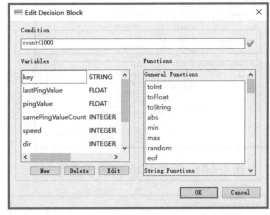

图 7-3-57 "Edit Decision Block"对话框

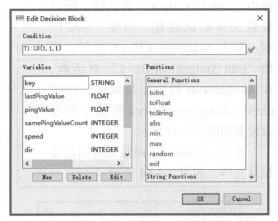

图 7-3-58 "Edit Decision Block"对话框

Correct 子函数流程图第 2 组框图自上至下依次放置 Decision Block 框图和 2 个 T1:DRIVE 中的 drive 框图。双击 Decision Block 框图，弹出"Edit Decision Block"对话框，在 Condition 栏设置 dir<0，Decision Block 框图全部参数设置如图 7-3-59 所示。双击第 1 个 drive 框图，弹出"Edit I/O Block"对话框，在 Arguments 栏中将 Speed 设置为 speed，Dir 设置为 FORWARDS，Wheel 设置为 LEFT，第 1 个 drive 框图全部参数设置如图 7-3-60 所示。双击第 2 个 drive 框图，弹出"Edit I/O Block"对话框，在 Arguments 栏中将 Speed 设置为 speed/3，Dir 设置为 BACKWARDS，Wheel 设置为 RIGHT，第 2 个 drive 框图全部参数设置如图 7-3-61 所示。

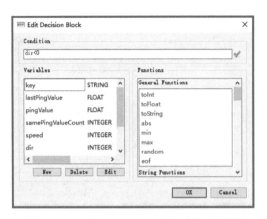

图 7-3-59　"Edit Decision Block" 对话框

图 7-3-60　"Edit I/O Block" 对话框

　　Correct 子函数流程图第 3 组框图自上至下依次放置 T1:DRIVE 中的 stop 框图和 Decision Block 框图和 Assignment Block 框图。双击 stop 框图，弹出 "Edit I/O Block" 对话框，所有参数选择默认设置，如图 7-3-62 所示。双击 Assignment Block 框图，弹出 "Edit Assignment Block" 对话框，在 Assignments 栏为变量赋值，设置 dir=0。Assignment Block 框图全部参数设置如图 7-3-63 所示。

　　至此，Correct 子函数流程图已经设计完毕，如图 7-3-64 所示。

图 7-3-61　"Edit I/O Block" 对话框

图 7-3-62　"Edit I/O Block" 对话框

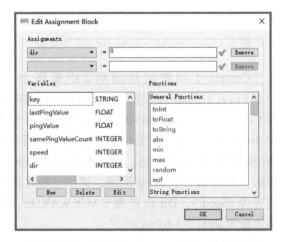

图 7-3-63　"Edit Assignment Block" 对话框

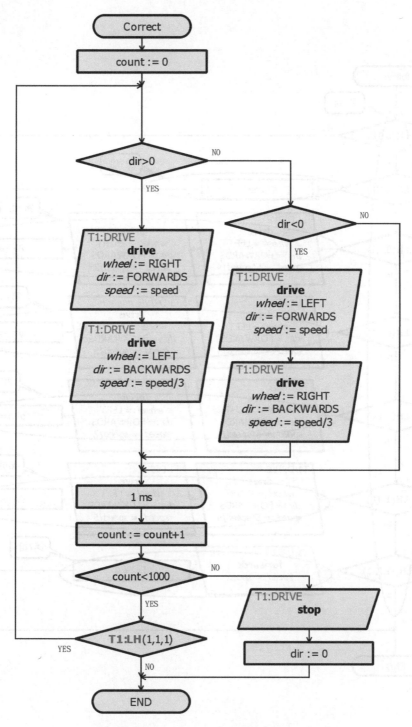

图 7-3-64　Correct 子函数流程图

7.3.5　follow 子函数流程图

follow 子函数流程图将按照图 7-3-65 所示分组进行介绍，共分为 5 组框图。

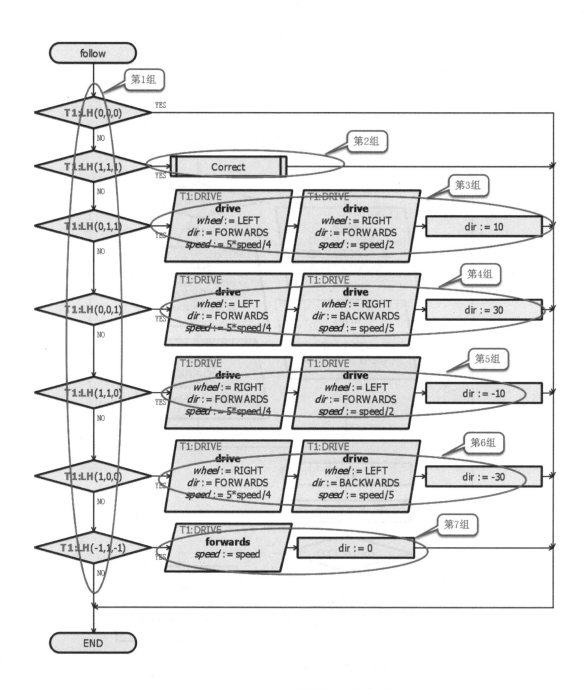

图 7-3-65　follow 子函数流程图示意图

follow 子函数流程图第 1 组框图自上至下依次放置 7 个 T1:LH 框图。双击第 1 个 T1:LH 框图,弹出"Edit Decision Block"对话框,在 Condition 栏设置 T1:LH(0,0,0),第 1 个 T1:LH 框图全部参数设置如图 7-3-66 所示。

双击第 2 个 T1:LH 框图,弹出"Edit Decision Block"对话框,在 Condition 栏设置 T1:LH(1,1,1),第 2 个 T1:LH 框图全部参数设置如图 7-3-67 所示。

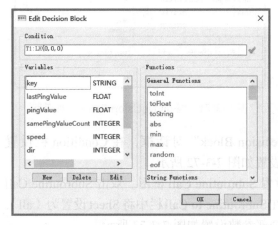

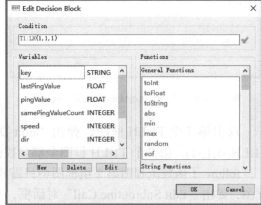

图 7-3-66 "Edit Decision Block"对话框 　　　　　 图 7-3-67 "Edit Decision Block"对话框

双击第 3 个 T1:LH 框图,弹出"Edit Decision Block"对话框,在 Condition 栏设置 T1:LH(0,1,1),第 3 个 T1:LH 框图全部参数设置如图 7-3-68 所示。

双击第 4 个 T1:LH 框图,弹出"Edit Decision Block"对话框,在 Condition 栏设置 T1:LH(0,0,1),第 4 个 T1:LH 框图全部参数设置如图 7-3-69 所示。

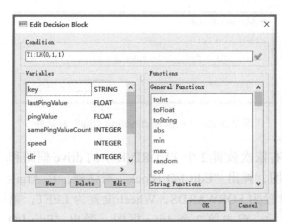

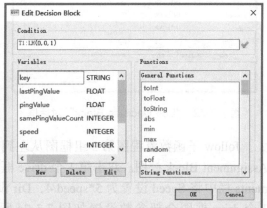

图 7-3-68 "Edit Decision Block"对话框 　　　　　 图 7-3-69 "Edit Decision Block"对话框

双击第 5 个 T1:LH 框图,弹出"Edit Decision Block"对话框,在 Condition 栏设置 T1:LH(1,1,0),第 5 个 T1:LH 框图全部参数设置如图 7-3-70 所示。

双击第 6 个 T1:LH 框图,弹出"Edit Decision Block"对话框,在 Condition 栏设置 T1:LH(1,0,0),第 6 个 T1:LH 框图全部参数设置如图 7-3-71 所示。

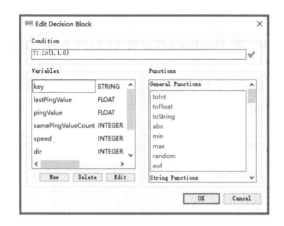

图 7-3-70　"Edit Decision Block" 对话框

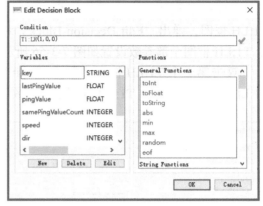

图 7-3-71　"Edit Decision Block" 对话框

双击第 7 个 T1:LH 框图，弹出 "Edit Decision Block" 对话框，在 Condition 栏设置 T1:LH(-1,1,-1)，第 7 个 T1:LH 框图全部参数设置如图 7-3-72 所示。

follow 子函数流程图第 2 组框图中只需放置 Subroutine Call 框图。双击 Subroutine Call 框图，弹出 "Edit Subroutine Call" 对话框，在 Subroutine to Call 栏中将 Sheet 设置为（all），Method 设置为 Correct。Subroutine Call 框图全部参数设置如图 7-3-73 所示。

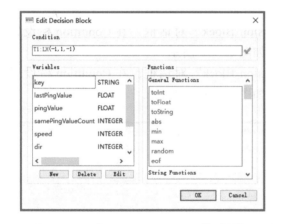

图 7-3-72　"Edit Decision Block" 对话框

图 7-3-73　"Edit Subroutine Call" 对话框

follow 子函数流程图第 3 组框图从左到右依次放置 2 个 T1:DRIVE 中的 drive 框图和 Assignment Block 框图。双击第 1 个 drive 框图，弹出 "Edit I/O Block" 对话框，在 Arguments 栏中将 Speed 设置为 5*speed/4，Dir 设置为 FORWARDS，Wheel 设置为 LEFT，第 1 个 drive 框图全部参数设置如图 7-3-74 所示。双击第 2 个 drive 框图，弹出 "Edit I/O Block" 对话框，在 Arguments 栏中将 Speed 设置为 speed/2，Dir 设置为 FORWARDS，Wheel 设置为 RIGHT，第 2 个 drive 框图全部参数设置如图 7-3-75 所示。双击 Assignment Block 框图，弹出 "Edit Assignment Block" 对话框，在 Assignments 栏为变量赋值，设置 dir=10。Assignment Block 框图全部参数设置如图 7-3-76 所示。

follow 子函数流程图第 4 组框图从左到右依次放置 2 个 T1:DRIVE 中的 drive 框图和 Assignment Block 框图。双击第 1 个 drive 框图，弹出 "Edit I/O Block" 对话框，在 Argu-

ments 栏中将 Speed 设置为 5*speed/4，Dir 设置为 FORWARDS，Wheel 设置为 LEFT，第
1 个 drive 框图全部参数设置如图 7-3-77 所示。双击第 2 个 drive 框图，弹出 "Edit I/O
Block" 对话框，在 Arguments 栏中将 Speed 设置为 speed/5，Dir 设置为 BACKWARDS，
Wheel 设置为 RIGHT，第 2 个 drive 框图全部参数设置如图 7-3-78 所示。双击 Assignment
Block 框图，弹出 "Edit Assignment Block" 对话框，在 Assignments 栏为变量赋值，设置
dir=30。Assignment Block 框图全部参数设置如图 7-3-79 所示。

follow 子函数流程图第 5 组框图从左到右依次放置 2 个 T1:DRIVE 中的 drive 框图和
Assignment Block 框图。双击第 1 个 drive 框图，弹出 "Edit I/O Block" 对话框，在 Argu-
ments 栏中将 Speed 设置为 5*speed/4，Dir 设置为 FORWARDS，Wheel 设置为 RIGHT，

图 7-3-74　第 1 个 drive 的 "Edit I/O Block" 对话框

图 7-3-75　第 2 个 drive 的 "Edit I/O Block" 对话框

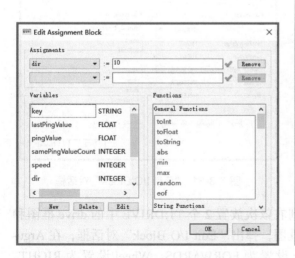

图 7-3-76　"Edit Assignment Block" 对话框

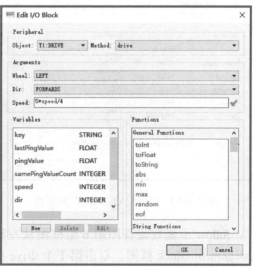

图 7-3-77　"Edit I/O Block" 对话框

 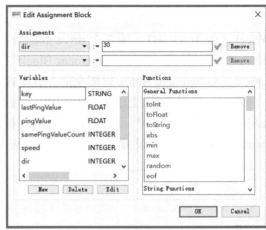

图 7-3-78 "Edit I/O Block" 对话框　　图 7-3-79 "Edit Assignment Block" 对话框

第 1 个 drive 框图全部参数设置如图 7-3-80 所示。双击第 2 个 drive 框图，弹出 "Edit I/O Block" 对话框，在 Arguments 栏中将 Speed 设置为 speed/2，Dir 设置为 FORWARDS，Wheel 设置为 LEFT，第 2 个 drive 框图全部参数设置如图 7-3-81 所示。双击 Assignment Block 框图，弹出 "Edit Assignment Block" 对话框，在 Assignments 栏为变量赋值，设置 dir=-10。Assignment Block 框图全部参数设置如图 7-3-82 所示。

图 7-3-80 "Edit I/O Block" 对话框　　图 7-3-81 "Edit I/O Block" 对话框

follow 子函数流程图第 6 组框图从左到右依次放置 2 个 T1:DRIVE 中的 drive 框图和 Assignment Block 框图。双击第 1 个 drive 框图，弹出 "Edit I/O Block" 对话框，在 Arguments 栏中将 Speed 设置为 5*speed/4，Dir 设置为 FORWARDS，Wheel 设置为 RIGHT，第 1 个 drive 框图全部参数设置如图 7-3-83 所示。双击第 2 个 drive 框图，弹出 "Edit I/O

Block"对话框，在 Arguments 栏中将 Speed 设置为 speed/5，Dir 设置为 BACKWARDS，
Wheel 设置为 LEFT，第 2 个 drive 框图全部参数设置如图 7-3-84 所示。双击 Assignment
Block 框图，弹出"Edit Assignment Block"对话框，在 Assignments 栏为变量赋值，设置
dir=-30。Assignment Block 框图全部参数设置如图 7-3-85 所示。

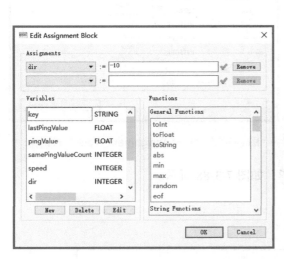

图 7-3-82 "Edit Assignment Block"对话框　　　图 7-3-83 "Edit I/O Block"对话框

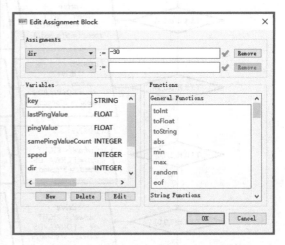

图 7-3-84 "Edit I/O Block"对话框　　　图 7-3-85 "Edit Assignment Block"对话框

　　follow 子函数流程图第 7 组框图从左到右依次放置 T1:DRIVE 中的 forwards 框图和
Assignment Block 框图。双击 forwards 框图，弹出"Edit I/O Block"对话框，在 Arguments
栏中将 Speed 设置为 speed（即数值为 200），forwards 框图全部参数设置如图 7-3-86 所示。
双击 Assignment Block 框图，弹出"Edit Assignment Block"对话框，在 Assignments 栏为
变量赋值，设置 dir=0。Assignment Block 框图全部参数设置如图 7-3-87 所示。

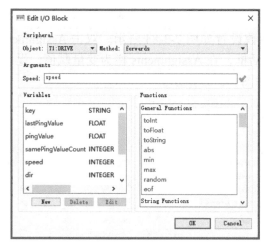

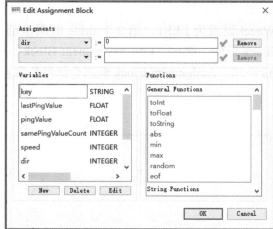

图 7-3-86 "Edit I/O Block" 对话框　　　　图 7-3-87 "Edit Assignment Block" 对话框

至此，follow 子函数流程图已经设计完毕，如图 7-3-88 所示。

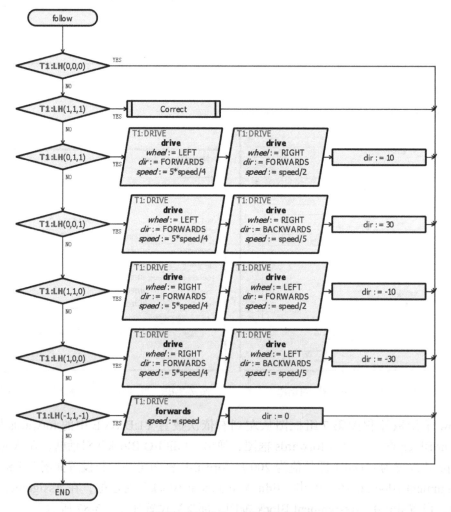

图 7-3-88　follow 子函数流程图

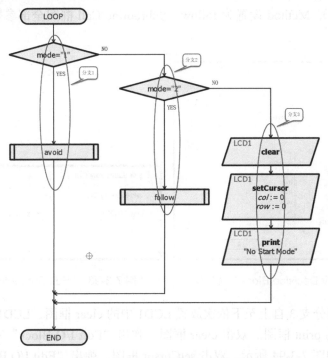

7.3.6　LOOP 流程图

循迹避障电路中的 LOOP 流程图主干包含了 2 个判断框图和 3 个分支，且嵌套较多，文字不易描述，读者可以观察图 7-3-89。

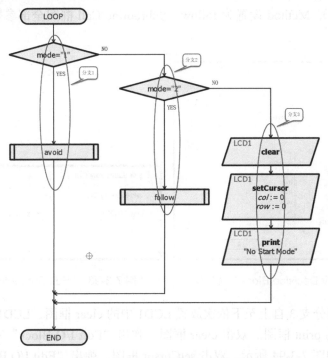

图 7-3-89　LOOP 流程图主干示意图

LOOP 流程图分支 1 自上至下依次放置 Decision Block 框图和 Subroutine Call 框图（链接到 avoid 子函数）。双击 Decision Block 框图，弹出 "Edit Decision Block" 对话框，在 Condition 栏设置 mode=="1"。Decision Block 框图全部参数设置如图 7-3-90 所示。双击 Subroutine Call 框图，弹出 "Edit Subroutine Call" 对话框，在 Subroutine to Call 栏中将 Sheet 设置为（all），Method 设置为 avoid。Subroutine Call 框图全部参数设置如图 7-3-91 所示。

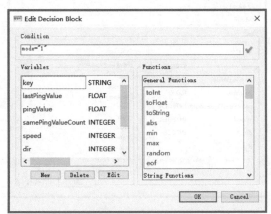

图 7-3-90　"Edit Decision Block" 对话框

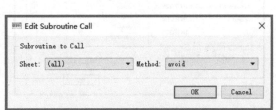

图 7-3-91　"Edit Subroutine Call" 对话框

LOOP 流程图分支 2 自上至下依次放置 Decision Block 框图和 Subroutine Call 框图（链接到 follow 子函数）。双击 Decision Block 框图，弹出"Edit Decision Block"对话框，在 Condition 栏设置 mode=="2"。Decision Block 框图全部参数设置如图 7-3-92 所示。双击 Subroutine Call 框图，弹出"Edit Subroutine Call"对话框，在 Subroutine to Call 栏中将 Sheet 设置为（all），Method 设置为 follow。Subroutine Call 框图全部参数设置如图 7-3-93 所示。

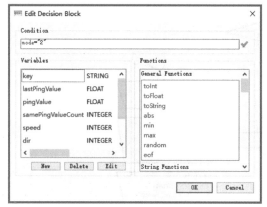

图 7-3-92 "Edit Decision Block"对话框 　　　图 7-3-93 "Edit Subroutine Call"对话框

LOOP 流程图分支 3 自上至下依次放置 LCD1 中的 clear 框图、LCD1 中的 setCursor 框图、和 LCD1 中的 print 框图。双击 clear 框图，弹出"Edit I/O Block"对话框，所有参数选择默认设置，如图 7-3-94 所示。双击 setCursor 框图，弹出"Edit I/O Block"对话框，在 Arguments 栏中将 Col 设置为 0, Row 设置为 0。setCursor 框图全部参数设置如图 7-3-95 所示。双击 print 框图，弹出"Edit I/O Block"对话框，在 Arguments 栏中填入"No Start Mode"。print 框图全部参数设置如图 7-3-96 所示。

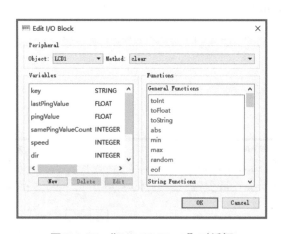

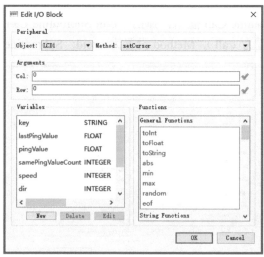

图 7-3-94 "Edit I/O Block"对话框 　　　图 7-3-95 "Edit I/O Block"对话框

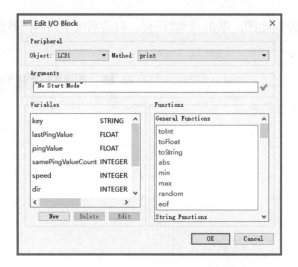

图 7-3-96 "Edit I/O Block" 对话框

至此，LOOP 流程图的主干已经完成，如图 7-3-97 所示。

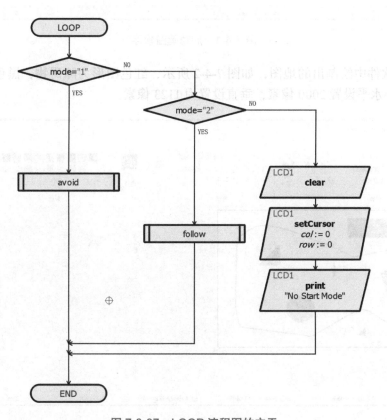

图 7-3-97 LOOP 流程图的主干

7.4　整体仿真测试

仿真之前，需要绘制地图。单击 画图 图标，启动系统中的画图软件，如图 7-4-1 所示。

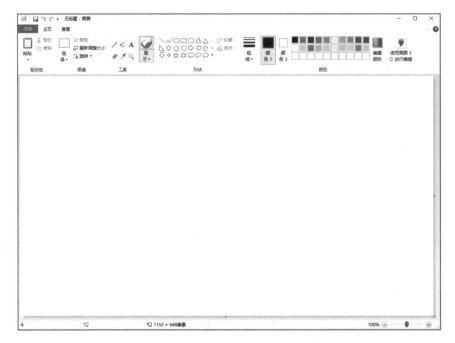

图 7-4-1　启动画图软件

在画图软件中绘制出的地图，如图 7-4-2 所示，红色图形为障碍物，黑色线条为循迹路径，将大小水平设置 2000 像素，垂直设置为 1123 像素。

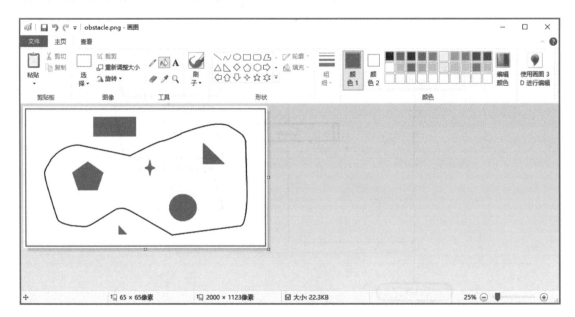

图 7-4-2　地图

双击 TURTLE 元件，弹出"Edit Component"对话框，将所画的地图图形加载至 Obstacle Map 栏中，其他参数选择默认设置，如图 7-4-3 所示。

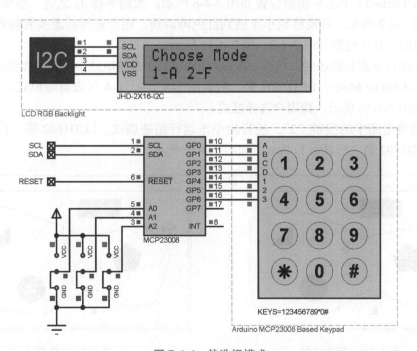

图 7-4-3 "Edit Component"对话框

在 Proteus 主菜单中，执行 Debug → Run Simulation 命令，运行仿真，切换至 Schematic Capture 界面，LCD1602 第一行显示 Choose Mode，LCD1602 第二行显示 1-A 2-F，1-A 代表避障模式，2-F 代表循迹模式，如图 7-4-4 所示。待用户选择模式。

图 7-4-4 待选择模式

单击键盘电路中的按键"1"，使智能小车运行避障模式。LCD1602 第一行显示 Start Mode，LCD1602 第二行显示 Avoid，如图 7-4-5 所示。

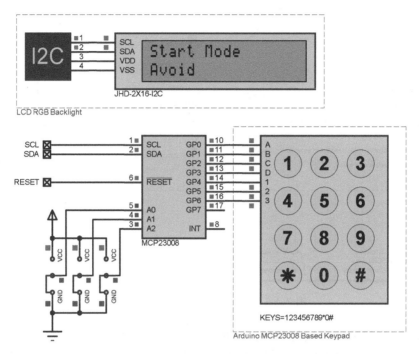

图 7-4-5　避障模式

Virtual Turtle-T1 中小车初始位置如图 7-4-6 所示。大约等待 3s 之后，小车开始运行，位置 1 如图 7-4-7 所示。可观察到小车遇到红色障碍物，则会选择后退或者转弯，从而达到避障的目的，其他位置如图 7-4-8 ～图 7-4-11 所示。

当小车运行至黑色路径时，单击 arduino 单片机最小系统电路中的复位按键。LCD1602 第一行显示 Choose Mode，LCD1602 第二行显示 1-A 2-F，1-A 代表避障模式，2-F 代表循迹模式，如图 7-4-12 所示。待用户选择模式。

单击键盘电路中的按键"2"，使智能小车运行循迹模式。LCD1602 第一行显示 Start Mode，LCD1602 第二行显示 Follow，如图 7-4-13 所示。

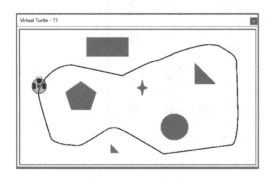

图 7-4-6　初始位置

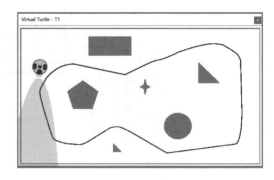

图 7-4-7　位置 1

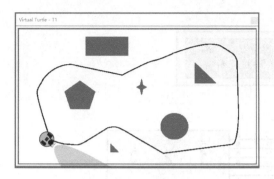
图 7-4-8　位置 2

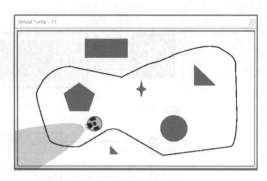
图 7-4-9　位置 3

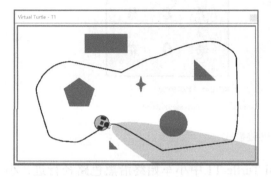
图 7-4-10　位置 4

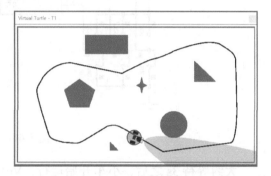
图 7-4-11　位置 5

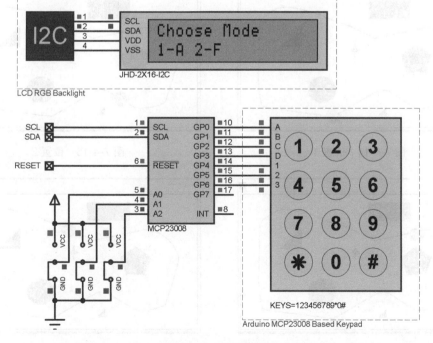
图 7-4-12　待选择模式

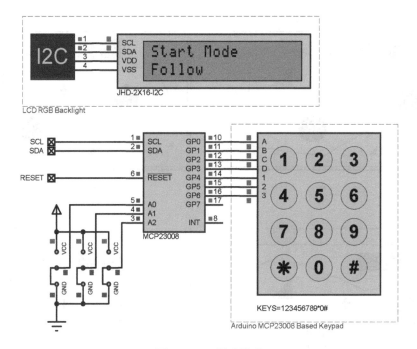

图 7-4-13　循迹模式

大约等待 3s 之后，小车开始运行，Virtual Turtle-T1 中小车始终沿黑色路径行进，小车位置如图 7-4-14~ 图 7-4-19 所示。

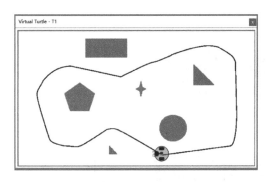

图 7-4-14　位置 1

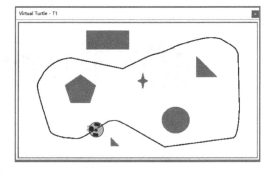

图 7-4-15　位置 2

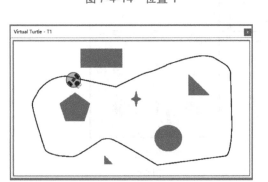

图 7-4-16　位置 3

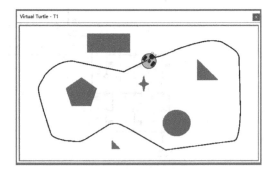

图 7-4-17　位置 4

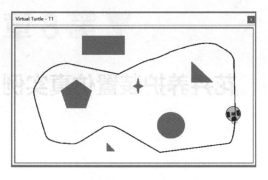

图 7-4-18　位置 5

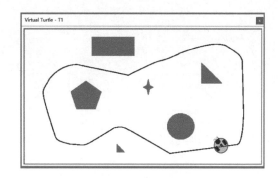

图 7-4-19　位置 6

综上，循迹避障小车基本满足设计要求。

☞ 小提示

◎ 读者可以自行仿真验证循迹避障小车的其他功能。

◎ 读者可以绘制其他形式的地图来验证循迹避障小车的功能。

◎ 扫描右侧二维码可观看循迹避障小车电路的仿真结果。

7.5　设计总结

　　循迹避障小车电路由单片机最小系统电路、LCD1602 显示屏电路和键盘电路组成，基本满足要求。读者可以根据本实例的设计方法来加入其他功能。本例中使用了 Proteus 内部的电源网络，但在实际应用中，读者应设计出电源电路。在设计电源电路时，直流电机电路和单片机电路尽量不要用统一路电源电路供电。在编写循迹避障小车的程序时，应加入一定的延时，因为小车转动一定角度需要一定的时间。

第8章

花卉养护装置仿真实例

8.1 总体要求

本例将讲解如何 DIY 花卉养护装置。花卉养护装置由上位机和下位机组成，主要功能是获取土壤的湿度信息、驱动旋转电动机和水泵电机。花卉养护装置下位机硬件系统主要包括单片机最小系统电路、直流电机驱动电路、光敏电阻传感器电路、模拟土壤湿度传感电路、指示灯电路等。花卉养护装置下位机包含土壤湿度等级模块、电机转动情况模块、光照监控模块等。本例花卉养护装置主要设计要求如下：

☺ 上位机中可以输入干湿度等级；

☺ 下位机可以将测量到干湿度等级返回到上位机中；

☺ 当光敏电阻检测到光照时，下位机驱动旋转电动机，使花卉均匀接受阳光照射；

☺ 当光敏电阻检测不到光照时，旋转电动机停止工作；

☺ 土壤湿度等级共分为 4 个等级；

☺ 当实际测量的干湿度等级大于设定的干湿度等级，水泵电机开始工作，向花卉进行浇水；

☺ 当实际测量的干湿度等级小于设定的干湿度等级，水泵电机停止工作，向花卉停止浇水。

8.2 下位机设计

8.2.1 单片机最小系统电路

新建仿真工程文件，并命名为"Lower"。下位机单片机最小系统电路包含了单片机电路、晶振电路和复位电路。单片机最小系统电路包含了包括单片机电路和复位电路等。在 Proteus 软件中绘制出的下位机单片机最小系统电路如图 8-2-1 所示。晶振频率选择 11.092MHz，晶振两端电容选择 30pF，复位电路采用上电复位的形式。

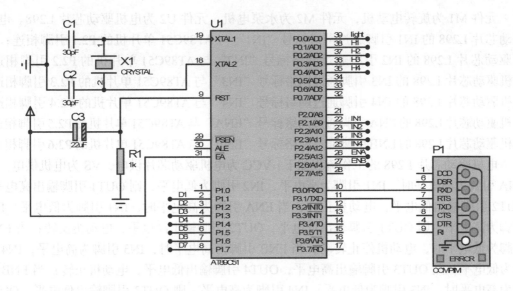

图 8-2-1　单片机最小系统

☞ 小提示

◎ 51 单片机中的网络标号在后续小节具有讲解。

◎ 双击元件即可观察到元件的详细信息。

8.2.2　直流电动机驱动电路

下位机直流电动机驱动电路由 L298 芯片、直流电动机和电容等元件组成。在 Proteus 软件中绘制出的直流电动机驱动电路如图 8-2-2 所示。

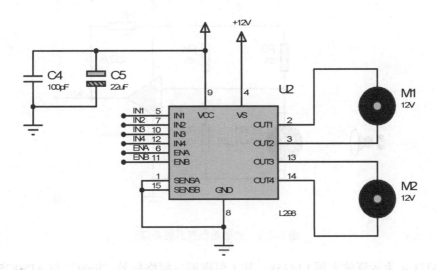

图 8-2-2　直流电动机驱动电路

元件 M1 为旋转电动机，元件 M2 为水泵电机，元件 U2 为电机驱动芯片 L298。电机驱动芯片 L298 的 IN1 引脚通过网络标号 "IN1" 与 AT89C51 单片机的 P2.1 引脚相连；电机驱动芯片 L298 的 IN2 引脚通过网络标号 "IN2" 与 AT89C51 单片机的 P2.2 引脚相连；电机驱动芯片 L298 的 IN3 引脚通过网络标号 "IN3" 与 AT89C51 单片机的 P2.3 引脚相连；电机驱动芯片 L298 的 IN4 引脚通过网络标号 "IN4" 与 AT89C51 单片机的 P2.4 引脚相连；电机驱动芯片 L298 的 ENA 引脚通过网络标号 "ENA" 与 AT89C51 单片机的 P2.5 引脚相连；电机驱动芯片 L298 的 ENB 引脚通过网络标号 "ENB" 与 AT89C51 单片机的 P2.6 引脚相连。

电机驱动芯片 L298 的工作流程如下：VCC 为电机驱动芯片供电，VS 为电机供电。当 ENA 引脚为高电平时，IN1 引脚为高电平，IN2 引脚为低电平，则 OUT1 引脚输出高电平，OUT2 引脚输出低电平，电动机正转；当 ENA 引脚为高电平时，IN1 引脚为低电平，IN2 引脚为高电平，则 OUT1 引脚输出低电平，OUT2 引脚输出高电平，电动机反转；当 ENA 引脚为低电平时，电动机停止转动；当 ENB 引脚为高电平时，IN3 引脚为高电平，IN4 引脚为低电平，则 OUT3 引脚输出高电平，OUT4 引脚输出低电平，电动机正转；当 ENB 引脚为高电平时，IN3 引脚为低电平，IN4 引脚为高电平，则 OUT3 引脚输出低电平，OUT4 引脚输出高电平，电动机反转；当 ENB 引脚为低电平时，电动机停止转动。

☞ 小提示

◎ 在元件库中搜索 "L298" 关键字，即可找到直流电动机驱动芯片。

8.2.3 光敏电阻传感器电路

下位机光敏电阻传感器电路由 LM358 芯片、光敏电阻和电阻等元件组成。在 Proteus 软件中绘制出的光敏电阻传感器电路如图 8-2-3 所示。

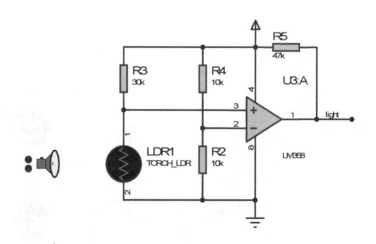

图 8-2-3　光敏电阻传感器电路

元件 U3:A 为运算放大器 LM358，其 1 引脚通过网络标号 "light" 与 AT89C51 单片机的 P0.0 引脚相连。

光敏电阻传感器电路的工作流程如下：经光照强度经过光敏电阻传感器电路整合后，将信号传递至 AT89C51 单片机中。

8.2.4 模拟土壤湿度传感电路

下位机直流电动机驱动电路由 LM358 芯片、滑动变阻器和电阻等元件组成。在 Proteus 软件中绘制出的模拟土壤湿度传感电路如图 8-2-4 所示。

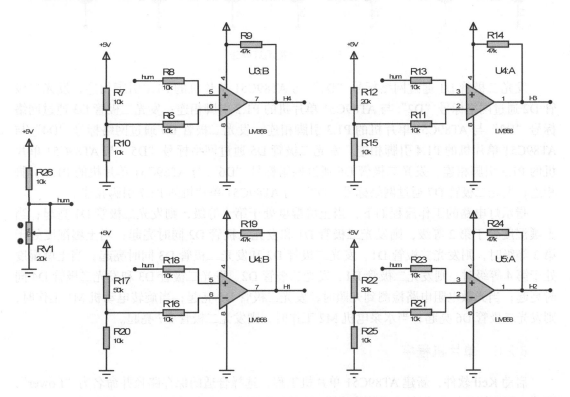

图 8-2-4 模拟土壤湿度传感电路

模拟土壤湿度传感通过网络标号"hum"与 4 路电压比较器电路相连；第 1 路电压比较器电路通过网络标号"H1"与 AT89C51 单片机的 P0.1 引脚相连；第 2 路电压比较器电路通过网络标号"H2"与 AT89C51 单片机的 P0.2 引脚相连；第 3 路电压比较器电路通过网络标号"H3"与 AT89C51 单片机的 P0.3 引脚相连；第 4 路电压比较器电路通过网络标号"H4"与 AT89C51 单片机的 P0.4 引脚相连。

模拟土壤湿度传感电路的工作流程如下：调节滑动变阻器 RV1，可以模拟出土壤湿度传感输出的模拟电压，电压可分为 4 个等级，分别由 4 路电压比较器的输出值传输到 AT89C51 单片机中。

8.2.5 指示灯电路

下位机指示灯电路由发光二极管和电阻等元件组成。在 Proteus 软件中绘制出的指示灯电路如图 8-2-5 所示。

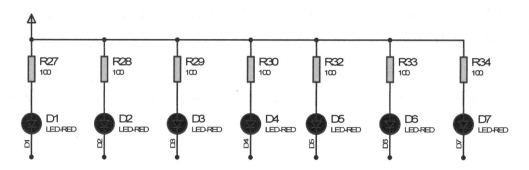

图 8-2-5　指示灯电路

　　发光二极管 D1 通过网络标号"D1"与 AT89C51 单片机的 P1.1 引脚相连；发光二极管 D2 通过网络标号"D2"与 AT89C51 单片机的 P1.2 引脚相连；发光二极管 D3 通过网络标号"D3"与 AT89C51 单片机的 P1.3 引脚相连；发光二极管 D4 通过网络标号"D4"与 AT89C51 单片机的 P1.4 引脚相连。发光二极管 D5 通过网络标号"D5"与 AT89C51 单片机的 P1.5 引脚相连；发光二极管 D6 通过网络标号"D6"与 AT89C51 单片机的 P1.6 引脚相连；发光二极管 D7 通过网络标号"D7"与 AT89C51 单片机的 P1.7 引脚相连。

　　指示灯电路的工作流程如下：当土壤湿度处于第 1 等级，则发光二极管 D1 亮起；当土壤湿度处于第 2 等级，则发光二极管 D1 和发光二极管 D2 同时亮起；当土壤湿度处于第 3 等级时，则发光二极管 D1、发光二极管 D2 和发光二极管 D3 同时亮起；当土壤湿度处于第 4 等级时，则发光二极管 D1、发光二极管 D2、发光二极管 D3 和发光二极管 D4 同时亮起；当光敏电阻电路检测到光照时，发光二极管 D5 亮起；当旋转电动机 M1 工作时，则发光二极管 D6 亮起；当水泵电机 M2 工作时，则发光二极管 D7 亮起。

8.2.6　单片机程序

　　启动 Keil 软件，新建 AT89C51 单片机工程，选择合适的保存路径并命名为"Lower"，新建工程完毕后，在主窗口编写单片机 U1 的控制程序。定义单片机 U1 引脚，将 AT89C51 的 P0.0 定义为接收光照信号的引脚，将 P0.1、P0.2、P0.3 和 P0.4 定义接收土壤湿度等级信号的引脚，将 P2.1、P2.2、P2.3、P2.4、P2.5 和 P2.6 定义为电机驱动芯片的控制引脚，将 P1.1、P1.2、P1.3、P1.4、P1.5、P1.6 和 P1.7 定义为发光二极管的驱动引脚，将 P0.7 定义为独立按键信号输入引脚。

```
sbit IN1 = P2^1;
sbit IN2 = P2^2;
sbit IN3 = P2^3;
sbit IN4 = P2^4;
sbit ENA = P2^5;
sbit ENB = P2^6;
sbit hight = P0^0;
sbit H1 = P0^1;
```

```
sbit H2 = P0^2;
sbit H3 = P0^3;
sbit H4 = P0^4;
sbit LED1 = P1^1;
sbit LED2 = P1^2;
sbit LED3 = P1^3;
sbit LED4 = P1^4;
sbit LED5 = P1^5;
sbit LED6 = P1^6;
sbit LED7 = P1^7;
```

为电机驱动芯片相关引脚赋初值，设置发光二极管的初始状态均为熄灭状态。定义2个整型变量并赋初值。具体程序如下所示：

```
IN1 = 0;
IN2 = 0;
IN3 = 0;
IN4 = 0;
ENA = 0;
ENB = 0;
LED1 = 1;
LED2 = 1;
LED3 = 1;
LED4 = 1;
LED5 = 1;
LED6 = 1;
LED7 = 1;
vel = 0;
num = 0;
```

编写光敏电阻检测程序。采用 if-else 语句，根据是否接收到了光照来执行不同的分支，两个分支分别用来驱动电机和制停电机。具体程序如下：

```
if(hight == 0)
    {
        N1 = 1;
        IN2 = 0;
        ENA = 1;
```

```
                LED5 = 0;
                LED6 = 0;
            }
        else
            {
                IN1 = 1;
                IN2 = 1;
                ENA = 0;
                LED5 = 1;
                LED6 = 1;
            }
```

用变量 vel 来表示实测土壤湿度等级的数值，变量 vel 再与变量 num 相比较，比较出的结果作为是否驱动水泵电机工作的依据。具体程序如下：

```
if(H1 == 1 && H2 == 0 && H3 == 0 && H4 ==0)
        {
                LED1 = 0;
                vel = 1;
        }

    if(H1 == 1 && H2 == 1 && H3 == 0 && H4 ==0)
        {
                LED1 = 0;
                LED2 = 0;
                vel = 2;
        }

    if(H1 == 1 && H2 == 1 && H3 == 1 && H4 ==0)
        {
                LED1 = 0;
                LED2 = 0;
                LED3 = 0
                vel = 3;
        }

    if(H1 == 1 && H2 == 1 && H3 == 1 && H4 ==1)
        {
```

```
                    LED1 = 0;
                    LED2 = 0;
                    LED3 = 0;
                    LED4 = 0;
                    vel = 4;
                }

        if(H1 == 0 && H2 == 0 && H3 == 0 && H4 ==0)
            {
                    LED1 = 1;
                    LED2 = 1;
                    LED3 = 1;
                    LED4 = 1;
                    vel = 0;
            }

        if(vel > num)
            {
                    IN3 = 1;
                    IN4 = 0;
                    ENB = 1;
                    LED7 = 0;
            }
        else
            {
                    IN3 = 1;
                    IN4 = 1;
                    ENB = 0;
                    LED7 = 1;
            }
```

AT89C51 单片机代码如下所示：

```
#include<reg51.h>
#include<intrins.h>
 sbit IN1 = P2^1;
 sbit IN2 = P2^2;
 sbit IN3 = P2^3;
```

```
sbit IN4 = P2^4;
sbit ENA = P2^5;
sbit ENB = P2^6;
sbit hight = P0^0;
sbit H1 = P0^1;
sbit H2 = P0^2;
sbit H3 = P0^3;
sbit H4 = P0^4;
sbit LED1 = P1^1;
sbit LED2 = P1^2;
sbit LED3 = P1^3;
sbit LED4 = P1^4;
sbit LED5 = P1^5;
sbit LED6 = P1^6;
sbit LED7 = P1^7;
sbit KEY = P0^7;
void Delay10ms(void);
unsigned int num, vel;
#define uchar unsigned char
uchar rtemp,sflag,aa;
void SerialInit()
{
    TMOD=0x20;
    TH1=0xfd;
    TL1=0xfd;
    TR1=1;

    SM0=0;
    SM1=1;
    REN=1;
    PCON=0x00;
    ES=1;
    EA=1;
}

void main()
{
    IN1 = 0;
```

```
    IN2 = 0;
    IN3 = 0;
    IN4 = 0;
    ENA = 0;
    ENB = 0;
      LED1 = 1;
      LED2 = 1;
      LED3 = 1;
      LED4 = 1;
      LED5 = 1;
      LED6 = 1;
      LED7 = 1;
      vel = 0;
      num = 0;
      SerialInit();
      rtemp = 0x00;

while(1)
{
  if(hight == 0)
  {
      IN1 = 1;
      IN2 = 0;
      ENA = 1;
      LED5 = 0;
      LED6 = 0;

          if(H1 == 1 && H2 == 0 && H3 == 0 && H4 ==0)
        {
              LED1 = 0;
              LED2 = 1;
              LED3 = 1;
              LED4 = 1;
              vel = 1;
              rtemp = 0x11;
        }

      if(H1 == 1 && H2 == 1 && H3 == 0 && H4 ==0)
```

```
        {
                LED1 = 0;
                LED2 = 0;
                LED3 = 1;
                LED4 = 1;
                vel = 2;
                    rtemp = 0x12;
        }

    if(H1 == 1 && H2 == 1 && H3 == 1 && H4 ==0)
        {
                LED1 = 0;
                LED2 = 0;
                LED3 = 0;
                LED4 = 1;
                vel = 3;
                rtemp = 0x13;
        }

    if(H1 == 1 && H2 == 1 && H3 == 1 && H4 ==1)
        {
                LED1 = 0;
                LED2 = 0;
                LED3 = 0;
                LED4 = 0;
                vel = 4;
                rtemp = 0x14;
        }

    if(H1 == 0 && H2 == 0 && H3 == 0 && H4 ==0)
        {
                LED1 = 1;
                LED2 = 1;
                LED3 = 1;
                LED4 = 1;
                vel = 0;
        }
```

```
        }
    else
        {
            IN1 = 1;
            IN2 = 1;
            ENA = 0;
            LED5 = 1;
            LED6 = 1;

                if(H1 == 1 && H2 == 0 && H3 == 0 && H4 ==0)
            {
                    LED1 = 0;
                    vel = 1;
                    rtemp = 0x01;
            }

            if(H1 == 1 && H2 == 1 && H3 == 0 && H4 ==0)
                {
                    LED1 = 0;
                    LED2 = 0;
                    vel = 2;
                        rtemp = 0x02;
                }

            if(H1 == 1 && H2 == 1 && H3 == 1 && H4 ==0)
                {
                    LED1 = 0;
                    LED2 = 0;
                    LED3 = 0;
                    vel = 3;
                    rtemp = 0x03;
                }

            if(H1 == 1 && H2 == 1 && H3 == 1 && H4 ==1)
                {
                    LED1 = 0;
                    LED2 = 0;
                    LED3 = 0;
```

```
                LED4 = 0;
                vel = 4;
                rtemp = 0x04;
            }

    if(H1 == 0 && H2 == 0 && H3 == 0 && H4 ==0)
        {
                LED1 = 1;
                LED2 = 1;
                LED3 = 1;
                LED4 = 1;
                vel = 0;
                rtemp = 0x00;
            }
    }

    if(vel > num)
        {
                IN3 = 1;
                IN4 = 0;
                ENB = 1;
                LED7 = 0;
            }
    else
        {
                IN3 = 1;
                IN4 = 1;
                ENB = 0;
                LED7 = 1;
            }

    {
        ES=0;
        sflag=0;
        SBUF=rtemp;
        while(!TI);
        TI=0;
        ES=1;
```

```
        }
      }
    }

    void Delay10ms(void)
{
    unsigned char a,b,c;
    for(c=1;c>0;c--)
        for(b=38;b>0;b--)
            for(a=130;a>0;a--);
}

void Usart() interrupt 4
{
    unsigned char receiveData;
    receiveData=SBUF;// 出去接收到的数据
    RI = 0;// 清除接收中断标志
    num = receiveData;
}
```

执行 Project → 🖼 Rebuild all target files 命令，编译成功后将输出 HEX 文件，"Build Output" 栏如图 8-2-6 所示。

```
Build Output                                                          ×
Build target 'Target 1'
assembling STARTUP.A51...
compiling Lower.c...
linking...
*** WARNING L16: UNCALLED SEGMENT, IGNORED FOR OVERLAY PROCESS
    SEGMENT: ?PR?DELAY10MS?LOWER
Program Size: data=16.0 xdata=0 code=478
creating hex file from "Lower"...
"Lower" - 0 Error(s), 1 Warning(s).
```

图 8-2-6 "Build Output" 栏

8.3 上位机设计

8.3.1 视图设计

单击 Microsoft Visual Studio 2010 软件快捷方式，进入 Microsoft Visual Studio 2010 软件的主窗口，如图 8-3-1 所示。执行 文件(F) → 新建(N) → 📄 项目(P)... 命令，弹出 "新建项目" 对

话框，选择"Windows 窗体应用程序 Visual C#"，项目名称命名为"Upper"，选择合适的储存路径，如图 8-3-2 所示。单击"新建项目"对话框中 确定 按钮，进入设计界面，如图 8-3-3 所示。

图 8-3-1　主窗口

图 8-3-2　主窗口

将工具箱中的公共控件栏中 ComboBox 控件放置在 Form1 控件上，并调节其大小如图 8-3-3 所示。

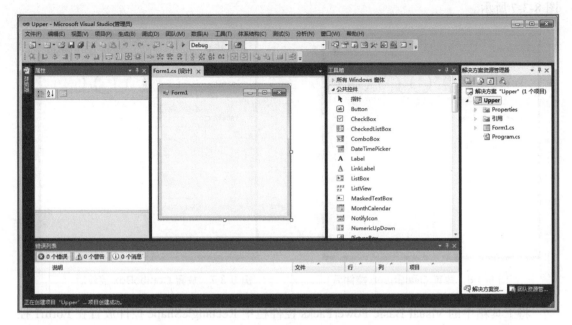

图 8-3-3　设计界面

将工具箱中的公共控件栏中 Label 控件放置在 Form1 控件上，共放置 3 个 Label 控件，分别为 label1、label2 和 label3，如图 8-3-4 所示。

将工具箱中的容器控件栏中 Panel 控件放置在 Form1 控件上，并调节其大小如图 8-3-5 所示。

图 8-3-4　放置 Label 控件后

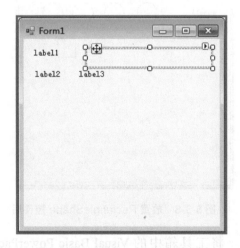

图 8-3-5　放置 panel 控件后

将工具箱中的 Visual Basic PowerPacks 控件栏中 OvalShape 控件放置在 panel1 控件上，共放置 4 个 OverShape 控件并调节大小，分别为 ovalshape1、ovalshape2、ovalshape3 和 ovalshape4，如图 8-3-6 所示。

将工具箱中的公共控件栏中 ComboBox 控件放置在 Form1 控件上，并调节其大小如图 8-3-7 所示。

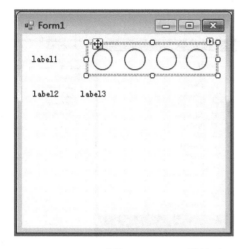

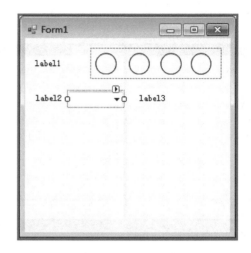

图 8-3-6　放置 OvalShape 控件后　　　　图 8-3-7　放置 ComboBox 控件后

将工具箱中的 Visual Basic PowerPacks 控件栏中 RectangleShape 控件放置在 Form1 控件上，将矩形调节成正方形，如图 8-3-8 所示。

将工具箱中的容器控件栏中 GroupBox 控件放置在 Form1 控件上，并调节其大小，如图 8-3-9 所示。

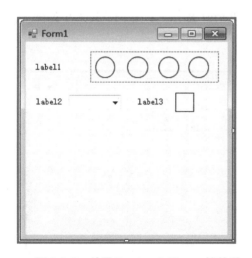

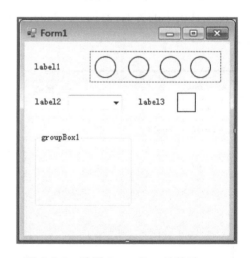

图 8-3-8　放置 RectangleShape 控件后　　　图 8-3-9　放置 GroupBox 控件后

将工具箱中的 Visual Basic PowerPacks 控件栏中 OvalShape 控件放置在 groupBox1 控件上，共放置 6 个 OverShape 控件并调节大小，分别为 ovalshape5、ovalshape6、ovalshape7、ovalshape8、ovalshape9 和 ovalshape10，如图 8-3-10 所示。

将工具箱中的容器控件栏中 GroupBox 控件放置在 Form1 控件上，并调节其大小，如图 8-3-11 所示。

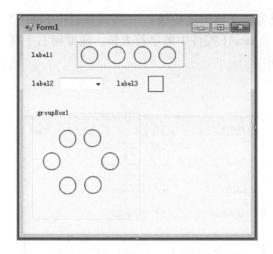

图 8-3-10　放置 OvalShape 控件后

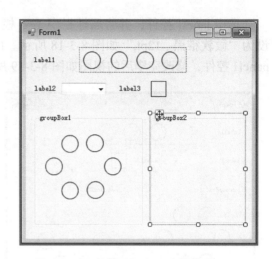

图 8-3-11　放置 GroupBox 控件后

　　将工具箱中的 Visual Basic PowerPacks 控件栏中 OvalShape 控件放置在 groupBox1 控件上，共放置 6 个 OverShape 控件并调节大小，分别为 ovalshape11、ovalshape12、ovalshape13、ovalshape14、ovalshape15 和 ovalshape16，如图 8-3-12 所示。

　　将工具箱中的公共控件栏中 Button 控件放置在 Form1 控件上，共放置 2 个 Button 控件，分别为 button1 控件和 button2 控件，如图 8-3-13 所示。

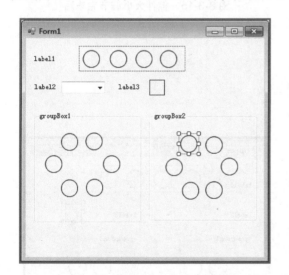

图 8-3-12　放置 OvalShape 控件后

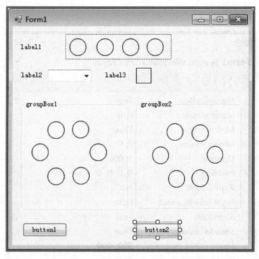

图 8-3-13　放置 Button 控件后

　　将 Timer 控件和 SerialPort 控件放置在工程中，出现在 Form1 控件下面，如图 8-3-14 所示。

　　适当调节各个控件的大小和相对位置，尽量使整个上位机的视图显得美观，调节完毕如图 8-3-15 所示。

　　通过鼠标左键选中 Form1 控件，并将属性栏中 Text 栏设为"Upper"，如图 8-3-16 所示。修改完毕后的视图如图 8-3-17 所示。

选中 label1 控件，并将属性栏中 Text 栏设为"土壤湿度等级："，将属性栏中 Font 栏设为"微软雅黑，12pt,"如图 8-3-18 所示。由于 label1 控件中的字符太长，需要向右平移 panel1 控件，修改完毕后的视图如图 8-3-19 所示。

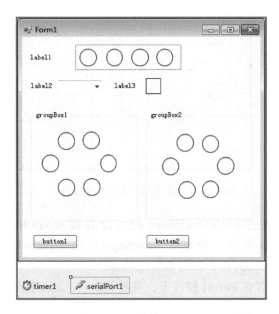

图 8-3-14 放置 Timer 控件和 SerialPort 控件后

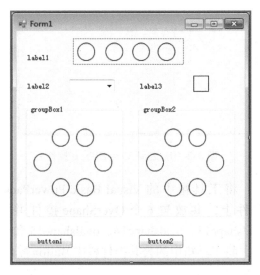

图 8-3-15 控件大小调节完毕后

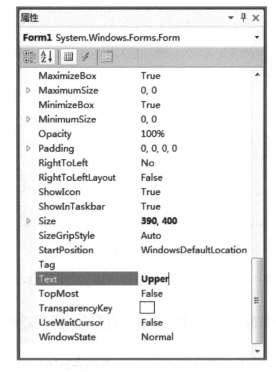

图 8-3-16 From1 控件属性

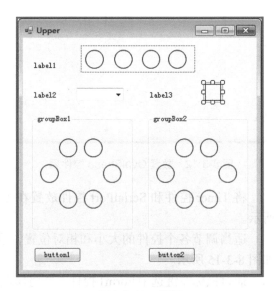

图 8-3-17 视图

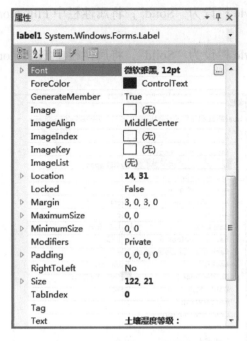

图 8-3-18 label1 控件属性

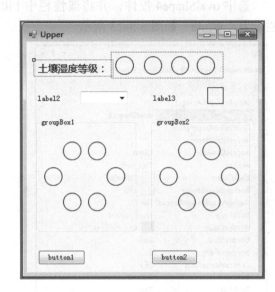

图 8-3-19 视图

选中 ovalShape1 控件，并将属性栏中 FillStyle 栏设为 "Soild"，将属性栏中 FillColor 栏设为 "White" 如图 8-3-20 所示。

选中 ovalShape2 控件，并将属性栏中 FillStyle 栏设为 "Soild"，将属性栏中 FillColor 栏设为 "White" 如图 8-3-21 所示。

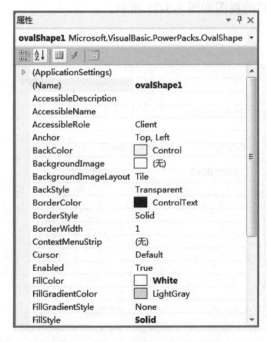

图 8-3-20 ovalShape1 控件属性

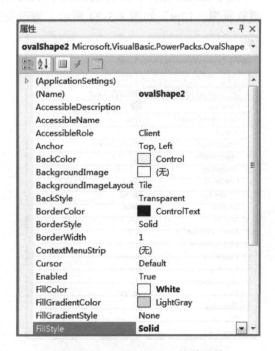

图 8-3-21 ovalShape2 控件属性

选中 ovalShape3 控件，并将属性栏中 FillStyle 栏设为"Soild"，将属性栏中 FillColor 栏设为"White"如图 8-3-22 所示。

选中 ovalShape4 控件，并将属性栏中 FillStyle 栏设为"Soild"，将属性栏中 FillColor 栏设为"White"如图 8-3-23 所示。

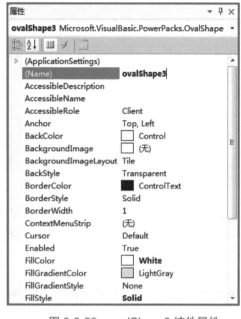

图 8-3-22　ovalShape3 控件属性

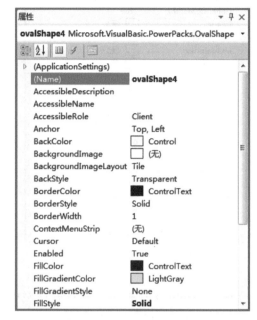

图 8-3-23　ovalShape4 控件属性

选中 label2 控件，并将属性栏中 Text 栏设为"设定等级："，将属性栏中 Font 栏设为"微软雅黑，12pt"如图 8-3-24 所示。修改完毕后的视图如图 8-3-25 所示。

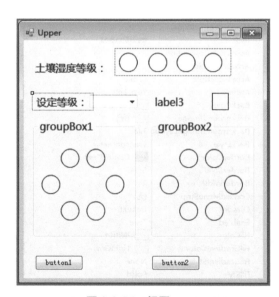

图 8-3-24　label2 控件属性

图 8-3-25　视图

选中 label3 控件，并将属性栏中 Text 栏设为"光照情况："，将属性栏中 Font 栏设为"微软雅黑，12pt"如图 8-3-26 所示。修改完毕后的视图如图 8-3-27 所示。

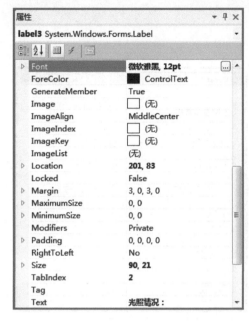

图 8-3-26　label3 控件属性

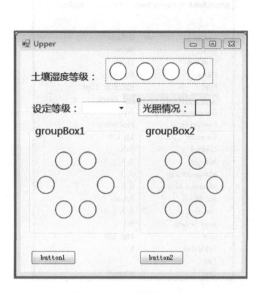

图 8-3-27　视图

选中 rectangleShape1 控件，并将属性栏中 FillStyle 栏设为"Soild"，将属性栏中 Fill-Color 栏设为"White"如图 8-3-28 所示。修改完毕后的视图如图 8-3-29 所示。

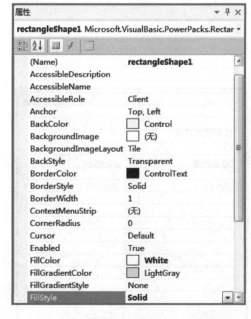

图 8-3-28　rectangleShape1 控件属性

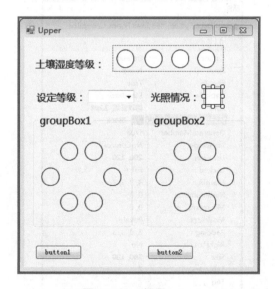

图 8-3-29　视图

选中 groupBox1 控件，并将属性栏中 Text 栏设为"Motor1"，将属性栏中 ForeColor 栏设为"Black"，将属性栏中 Font 栏设为"微软雅黑，12pt"如图 8-3-30 所示。修改完毕后的视图如图 8-3-31 所示。

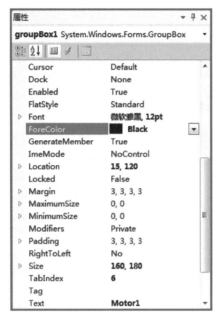

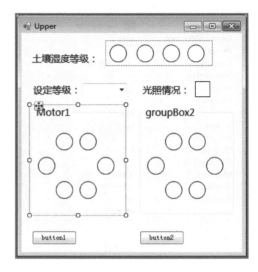

图 8-3-30　groupBox1 控件属性　　　　　　　图 8-3-31　视图

　　选中 groupBox2 控件，并将属性栏中 Text 栏设为"Motor2"，将属性栏中 ForeColor 栏设为"Black"，将属性栏中 Font 栏设为"微软雅黑，12pt"如图 8-3-32 所示。修改完毕后的视图如图 8-3-33 所示。

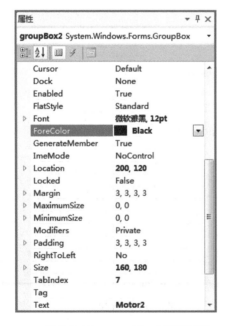

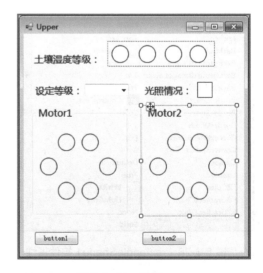

图 8-3-32　groupBox2 控件属性　　　　　　　图 8-3-33　视图

选中 ovalShape5 控件，并将属性栏中 FillStyle 栏设为 "Soild"，将属性栏中 FillColor 栏设为 "Red"，如图 8-3-34 所示。将 ovalShape6 控件、ovalShape7 控件、ovalShape8 控件、ovalShape9 控件和 ovalShape10 控件属性栏的参数与 ovalShape5 控件属性栏的参数设置一致。修改完毕后的视图如图 8-3-35 所示。

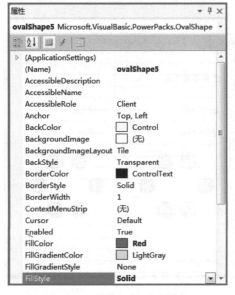

图 8-3-34　ovalShape5 控件属性

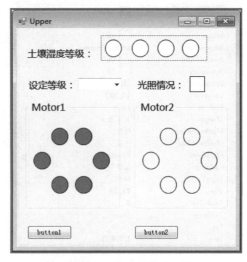

图 8-3-35　视图

选中 ovalShape11 控件，并将属性栏中 FillStyle 栏设为 "Soild"，将属性栏中 FillColor 栏设为 "Red"，如图 8-3-36 所示。将 ovalShape12 控件、ovalShape13 控件、ovalShape14 控件、ovalShape15 控件和 ovalShape16 控件属性栏的参数与 ovalShape11 控件属性栏的参数设置一致。修改完毕后的视图如图 8-3-37 所示。

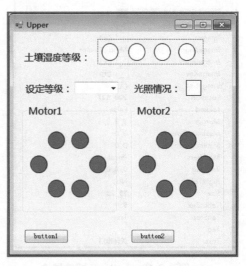

图 8-3-36　ovalShape11 控件属性

图 8-3-37　视图

选中 button1 控件，并将属性栏中 Text 栏设为"打开串口"，将属性栏中 Font 栏设为"微软雅黑，9pt"，将属性栏中 ForeColor 设为"Green"，如图 8-3-38 所示。修改完毕后的视图如图 8-3-39 所示。

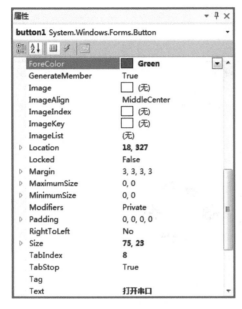

图 8-3-38　button1 控件属性

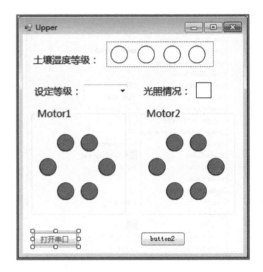

图 8-3-39　视图

选中 button2 控件，并将属性栏中 Text 栏设为"关闭串口"，将属性栏中 Font 栏设为"微软雅黑，9pt"，将属性栏中 ForeColor 设为"Red"，如图 8-3-40 所示。修改完毕后的视图如图 8-3-41 所示。

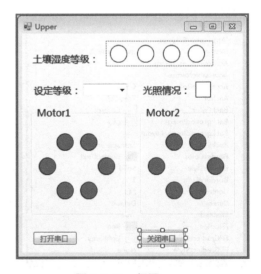

图 8-3-40　button2 控件属性

图 8-3-41　视图

选中 serialPort1 控件，并将属性栏中 BaudRate 栏设为 "9600"，将属性栏中 PortName 设置为 "COM2"，如图 8-3-42 所示。选中 timer1 控件，将属性栏中 Interval 栏设为 "500"，如图 8-3-43 所示。

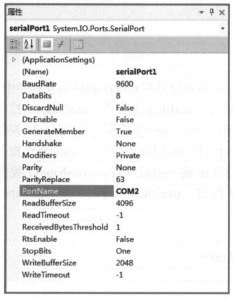

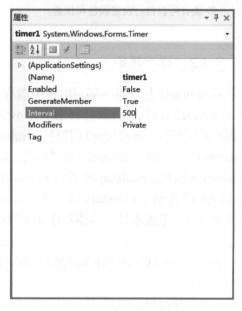

图 8-3-42　serialPort1 控件属性　　　　　图 8-3-43　timer1 控件属性

将工具箱中的公共控件栏中 Button 控件放置在 button2 控件右侧，并将属性栏中 Font 栏设置为 "微软雅黑，9pt"，将属性栏中 ForeColor 设为 "Blue"，将属性栏中 Text 栏设置为 "发送"，设置如图 8-3-44 所示。修改完毕后的视图如图 8-3-45 所示。

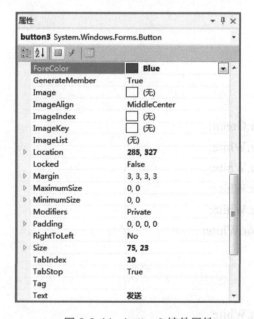

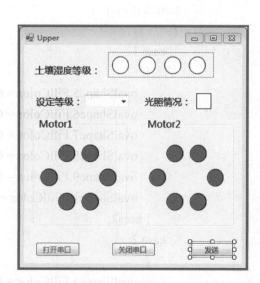

图 8-3-44　button3 控件属性　　　　　　图 8-3-45　视图

至此，上位机视图设计已经完成。

☞ 小提示

◎ 读者可以自行设置颜色和位置。

8.3.2 程序代码

双击 timer1 控件进入编写时钟中断程序界面。主要功能是在 timer1 控件触发程序中实现 ovalshape5 控件、ovalshape6 控件、ovalshape7 控件、ovalshape8 控件、ovalshape9 控件、ovalshape10 控件、ovalshape11 控件、ovalshape12 控件、ovalshape13 控件、ovalshape14 控件、ovalshape15 控件和 ovalshape16 控件闪烁。ovalshape5 控件、ovalshape6 控件、ovalshape7 控件、ovalshape8 控件、ovalshape9 控件和 ovalshape10 控件组成一组流水灯，ovalshape11 控件、ovalshape12 控件、ovalshape13 控件、ovalshape14 控件、ovalshape15 控件和 ovalshape16 控件组成另一组流水灯。具体程序如下所示：

```
private void timer1_Tick(object sender，EventArgs e)
    {
        time++;
        if (time == 7)
        {
            time = 1;
        }
        if (Rdata > 10)
        {
        switch (time)
        {
            case 1:
            {
                ovalShape5.FillColor = Color.Green;
                ovalShape6.FillColor = Color.White;
                ovalShape7.FillColor = Color.White;
                ovalShape8.FillColor = Color.White;
                ovalShape9.FillColor = Color.White;
                ovalShape10.FillColor = Color.White;
            } break;
            case 2:
            {
                ovalShape5.FillColor = Color.White;
```

```
                    ovalShape6.FillColor = Color.Green;
                    ovalShape7.FillColor = Color.White;
                    ovalShape8.FillColor = Color.White;
                    ovalShape9.FillColor = Color.White;
                    ovalShape10.FillColor = Color.White;
                } break;
            case 3:
                {
                    ovalShape5.FillColor = Color.White;
                    ovalShape6.FillColor = Color.White;
                    ovalShape7.FillColor = Color.Green;
                    ovalShape8.FillColor = Color.White;
                    ovalShape9.FillColor = Color.White;
                    ovalShape10.FillColor = Color.White;
                } break;
            case 4:
                {
                    ovalShape5.FillColor = Color.White;
                    ovalShape6.FillColor = Color.White;
                    ovalShape7.FillColor = Color.White;
                    ovalShape8.FillColor = Color.Green;
                    ovalShape9.FillColor = Color.White;
                    ovalShape10.FillColor = Color.White;
                } break;
            case 5:
                {
                    ovalShape5.FillColor = Color.White;
                    ovalShape6.FillColor = Color.White;
                    ovalShape7.FillColor = Color.White;
                    ovalShape8.FillColor = Color.White;
                    ovalShape9.FillColor = Color.Green;
                    ovalShape10.FillColor = Color.White;
                } break;
            case 6:
                {
                    ovalShape5.FillColor = Color.White;
                    ovalShape6.FillColor = Color.White;
                    ovalShape7.FillColor = Color.White;
```

```
                    ovalShape8.FillColor = Color.White;
                    ovalShape9.FillColor = Color.White;
                    ovalShape10.FillColor = Color.Green;
                } break;
            default: break;
        }
    }
    else
    {
        ovalShape5.FillColor = Color.Red;
        ovalShape6.FillColor = Color.Red;
        ovalShape7.FillColor = Color.Red;
        ovalShape8.FillColor = Color.Red;
        ovalShape9.FillColor = Color.Red;
        ovalShape10.FillColor = Color.Red;
        rectangleShape1.FillColor = Color.Black;
    }

    if (Rdata > 10)
        if ((SetValue + 16) < Rdata)
        {
            switch (time)
            {
                case 1:
                    {
                        ovalShape11.FillColor = Color.Green;
                        ovalShape12.FillColor = Color.White;
                        ovalShape13.FillColor = Color.White;
                        ovalShape14.FillColor = Color.White;
                        ovalShape15.FillColor = Color.White;
                        ovalShape16.FillColor = Color.White;
                    } break;
                case 2:
                    {
                        ovalShape11.FillColor = Color.White;
                        ovalShape12.FillColor = Color.Green;
                        ovalShape13.FillColor = Color.White;
                        ovalShape14.FillColor = Color.White;
```

```
                ovalShape15.FillColor = Color.White;
                ovalShape16.FillColor = Color.White;
            } break;
        case 3:
            {
                ovalShape11.FillColor = Color.White;
                ovalShape12.FillColor = Color.White;
                ovalShape13.FillColor = Color.Green;
                ovalShape14.FillColor = Color.White;
                ovalShape15.FillColor = Color.White;
                ovalShape16.FillColor = Color.White;
            } break;
        case 4:
            {
                ovalShape11.FillColor = Color.White;
                ovalShape12.FillColor = Color.White;
                ovalShape13.FillColor = Color.White;
                ovalShape14.FillColor = Color.Green;
                ovalShape15.FillColor = Color.White;
                ovalShape16.FillColor = Color.White;
            } break;
        case 5:
            {
                ovalShape11.FillColor = Color.White;
                ovalShape12.FillColor = Color.White;
                ovalShape13.FillColor = Color.White;
                ovalShape14.FillColor = Color.White;
                ovalShape15.FillColor = Color.Green;
                ovalShape16.FillColor = Color.White;
            } break;
        case 6:
            {
                ovalShape11.FillColor = Color.White;
                ovalShape12.FillColor = Color.White;
                ovalShape13.FillColor = Color.White;
                ovalShape14.FillColor = Color.White;
                ovalShape15.FillColor = Color.White;
                ovalShape16.FillColor = Color.Green;
```

```
            } break;
          default: break;
        }
    }
    else
    {
        ovalShape11.FillColor = Color.Red;
        ovalShape12.FillColor = Color.Red;
        ovalShape13.FillColor = Color.Red;
        ovalShape14.FillColor = Color.Red;
        ovalShape15.FillColor = Color.Red;
        ovalShape16.FillColor = Color.Red;
    }

    if (Rdata < 10)
        if (SetValue < Rdata)
        {
            switch (time)
            {
              case 1:
                {
                    ovalShape11.FillColor = Color.Green;
                    ovalShape12.FillColor = Color.White;
                    ovalShape13.FillColor = Color.White;
                    ovalShape14.FillColor = Color.White;
                    ovalShape15.FillColor = Color.White;
                    ovalShape16.FillColor = Color.White;
                } break;
              case 2:
                {
                    ovalShape11.FillColor = Color.White;
                    ovalShape12.FillColor = Color.Green;
                    ovalShape13.FillColor = Color.White;
                    ovalShape14.FillColor = Color.White;
                    ovalShape15.FillColor = Color.White;
                    ovalShape16.FillColor = Color.White;
                } break;
              case 3:
```

```
                {
                    ovalShape11.FillColor = Color.White;
                    ovalShape12.FillColor = Color.White;
                    ovalShape13.FillColor = Color.Green;
                    ovalShape14.FillColor = Color.White;
                    ovalShape15.FillColor = Color.White;
                    ovalShape16.FillColor = Color.White;
                } break;
            case 4:
                {
                    ovalShape11.FillColor = Color.White;
                    ovalShape12.FillColor = Color.White;
                    ovalShape13.FillColor = Color.White;
                    ovalShape14.FillColor = Color.Green;
                    ovalShape15.FillColor = Color.White;
                    ovalShape16.FillColor = Color.White;
                } break;
            case 5:
                {
                    ovalShape11.FillColor = Color.White;
                    ovalShape12.FillColor = Color.White;
                    ovalShape13.FillColor = Color.White;
                    ovalShape14.FillColor = Color.White;
                    ovalShape15.FillColor = Color.Green;
                    ovalShape16.FillColor = Color.White;
                } break;
            case 6:
                {
                    ovalShape11.FillColor = Color.White;
                    ovalShape12.FillColor = Color.White;
                    ovalShape13.FillColor = Color.White;
                    ovalShape14.FillColor = Color.White;
                    ovalShape15.FillColor = Color.White;
                    ovalShape16.FillColor = Color.Green;
                } break;
            default: break;
        }
    }
```

```
            else
            {
                ovalShape11.FillColor = Color.Red;
                ovalShape12.FillColor = Color.Red;
                ovalShape13.FillColor = Color.Red;
                ovalShape14.FillColor = Color.Red;
                ovalShape15.FillColor = Color.Red;
                ovalShape16.FillColor = Color.Red;
            }
        }
```

双击 Form1 控件进入程序设计相关窗口。主要功能是注册串口接收数据程序的子函数和为 comboBox1 控件的 Items 属性循环赋值，将 comboBox1 控件的 Text 属性的初值设置为 "0"。具体程序如下所示：

```
private void Form1_Load(object sender, EventArgs e)
{
    serialPort1.DataReceived += new SerialDataReceivedEventHandler(port_DataReceived);
    for (int i = 1; i < 5; i++)
    {
        comboBox1.Items.Add(i.ToString());
    }
    comboBox1.Text = "0";
}
```

双击 serialPort1 控件并无法直接进入串口接收数据程序编写界面，需要手动添加串口接收数据程序子函数。主要功能是接收下位机向上位机发送的数据，将接收到数据以 ovalshape1 控件、ovalshape2 控件、ovalshape3 控件和 ovalshape4 控件变为黄色来显示。具体程序如下所示：

```
private void port_DataReceived(object sender, SerialDataReceivedEventArgs e)
{
    Rdata = serialPort1.ReadChar();
    if (Rdata > 10)
    {
        rectangleShape1.FillColor = Color.GreenYellow;
    }
    else
```

```
        {
            rectangleShape1.FillColor = Color.Black;
        }
        int a = Rdata;
        switch (a)
        {
            case 1:
                {
                    ovalShape1.FillColor = Color.Yellow;
                    ovalShape2.FillColor = Color.White;
                    ovalShape3.FillColor = Color.White;
                    ovalShape4.FillColor = Color.White;
                } break;
            case 2:
                {
                    ovalShape1.FillColor = Color.Yellow;
                    ovalShape2.FillColor = Color.Yellow;
                    ovalShape3.FillColor = Color.White;
                    ovalShape4.FillColor = Color.White;
                } break;
            case 3:
                {
                    ovalShape1.FillColor = Color.Yellow;
                    ovalShape2.FillColor = Color.Yellow;
                    ovalShape3.FillColor = Color.Yellow;
                    ovalShape4.FillColor = Color.White;
                } break;
            case 4:
                {
                    ovalShape1.FillColor = Color.Yellow;
                    ovalShape2.FillColor = Color.Yellow;
                    ovalShape3.FillColor = Color.Yellow;
                    ovalShape4.FillColor = Color.Yellow;
                } break;
            case 17:
                {
                    ovalShape1.FillColor = Color.Yellow;
                    ovalShape2.FillColor = Color.White;
```

```
                ovalShape3.FillColor = Color.White;
                ovalShape4.FillColor = Color.White;
            } break;
        case 18:
            {
                ovalShape1.FillColor = Color.Yellow;
                ovalShape2.FillColor = Color.Yellow;
                ovalShape3.FillColor = Color.White;
                ovalShape4.FillColor = Color.White;
            } break;
        case 19:
            {
                ovalShape1.FillColor = Color.Yellow;
                ovalShape2.FillColor = Color.Yellow;
                ovalShape3.FillColor = Color.Yellow;
                ovalShape4.FillColor = Color.White;
            } break;
        case 20:
            {
                ovalShape1.FillColor = Color.Yellow;
                ovalShape2.FillColor = Color.Yellow;
                ovalShape3.FillColor = Color.Yellow;
                ovalShape4.FillColor = Color.Yellow;
            } break;
        default: break;
    }
}
```

双击 button1 控件进入程序设计相关窗口。主要功能是用来打开串口，并开启 timer1 控件的中断计时程序。具体程序如下所示：

```
private void button1_Click(object sender, EventArgs e)
    {
        try
        {
            serialPort1.Open();
            button1.Enabled = false;
            button2.Enabled = true;
```

```
        }
    catch
    {
        MessageBox.Show(" 请检查串口 ", " 错误 ");
    }
    timer1.Start();
}
```

双击 button2 控件进入程序设计相关窗口。主要功能是用来关闭串口，并关闭 timer1 控件的中断计时程序。具体程序如下所示：

```
private void button2_Click(object sender, EventArgs e)
    {
        try
        {
            serialPort1.Close();
            button1.Enabled = true;
            button2.Enabled = false;
        }
        catch (Exception err)
        {
        }
        timer1.Stop();
    }
```

双击 button3 控件进入程序设计相关窗口。主要功能是将 comboBox1 控件中 Text 属性值发送到下位机中。具体程序如下所示：

```
private void button3_Click(object sender, EventArgs e)
    {
        string data = comboBox1.Text;
        string convertdata = data.Substring(0, 1);
        byte[] buffer = new byte[1];
        buffer[0] = Convert.ToByte(convertdata, 16);
        try
        {
            serialPort1.Open();
            serialPort1.Write(buffer, 0, 1);
```

```
                serialPort1.Close();
                serialPort1.Open();
            }
        catch (Exception err)
            {
                if (serialPort1.IsOpen)
                    serialPort1.Close();
            }
        }
```

整体程序代码如下所示：

```
using System;
using System.Collections.Generic;
using System.ComponentModel;
using System.Data;
using System.Drawing;
using System.Linq;
using System.Text;
using System.Windows.Forms;
using System.IO.Ports;

namespace Upper
{
    public partial class Form1 : Form
    {
        int time = 0;
        int SetValue = 0;
        int Rdata = 0;
        int number;
        public Form1()
        {
            InitializeComponent();
            System.Windows.Forms.Control.CheckForIllegalCrossThreadCalls = false;
        }

        private void timer1_Tick(object sender, EventArgs e)
        {
```

```
time++;
if (time == 7)
{
    time = 1;
}
if (Rdata > 10)
{
    switch (time)
    {
        case 1:
            {
                ovalShape5.FillColor = Color.Green;
                ovalShape6.FillColor = Color.White;
                ovalShape7.FillColor = Color.White;
                ovalShape8.FillColor = Color.White;
                ovalShape9.FillColor = Color.White;
                ovalShape10.FillColor = Color.White;
            } break;
        case 2:
            {
                ovalShape5.FillColor = Color.White;
                ovalShape6.FillColor = Color.Green;
                ovalShape7.FillColor = Color.White;
                ovalShape8.FillColor = Color.White;
                ovalShape9.FillColor = Color.White;
                ovalShape10.FillColor = Color.White;
            } break;
        case 3:
            {
                ovalShape5.FillColor = Color.White;
                ovalShape6.FillColor = Color.White;
                ovalShape7.FillColor = Color.Green;
                ovalShape8.FillColor = Color.White;
                ovalShape9.FillColor = Color.White;
                ovalShape10.FillColor = Color.White;
            } break;
        case 4:
            {
```

```
                    ovalShape5.FillColor = Color.White;
                    ovalShape6.FillColor = Color.White;
                    ovalShape7.FillColor = Color.White;
                    ovalShape8.FillColor = Color.Green;
                    ovalShape9.FillColor = Color.White;
                    ovalShape10.FillColor = Color.White;
                } break;
            case 5:
                {
                    ovalShape5.FillColor = Color.White;
                    ovalShape6.FillColor = Color.White;
                    ovalShape7.FillColor = Color.White;
                    ovalShape8.FillColor = Color.White;
                    ovalShape9.FillColor = Color.Green;
                    ovalShape10.FillColor = Color.White;
                } break;
            case 6:
                {
                    ovalShape5.FillColor = Color.White;
                    ovalShape6.FillColor = Color.White;
                    ovalShape7.FillColor = Color.White;
                    ovalShape8.FillColor = Color.White;
                    ovalShape9.FillColor = Color.White;
                    ovalShape10.FillColor = Color.Green;
                } break;
            default: break;
            }
        }
        else
        {
            ovalShape5.FillColor = Color.Red;
            ovalShape6.FillColor = Color.Red;
            ovalShape7.FillColor = Color.Red;
            ovalShape8.FillColor = Color.Red;
            ovalShape9.FillColor = Color.Red;
            ovalShape10.FillColor = Color.Red;
            rectangleShape1.FillColor = Color.Black;
        }
```

```
if (Rdata > 10)
    if ((SetValue + 16) < Rdata)
    {
        switch (time)
        {
            case 1:
                {
                    ovalShape11.FillColor = Color.Green;
                    ovalShape12.FillColor = Color.White;
                    ovalShape13.FillColor = Color.White;
                    ovalShape14.FillColor = Color.White;
                    ovalShape15.FillColor = Color.White;
                    ovalShape16.FillColor = Color.White;
                } break;
            case 2:
                {
                    ovalShape11.FillColor = Color.White;
                    ovalShape12.FillColor = Color.Green;
                    ovalShape13.FillColor = Color.White;
                    ovalShape14.FillColor = Color.White;
                    ovalShape15.FillColor = Color.White;
                    ovalShape16.FillColor = Color.White;
                } break;
            case 3:
                {
                    ovalShape11.FillColor = Color.White;
                    ovalShape12.FillColor = Color.White;
                    ovalShape13.FillColor = Color.Green;
                    ovalShape14.FillColor = Color.White;
                    ovalShape15.FillColor = Color.White;
                    ovalShape16.FillColor = Color.White;
                } break;
            case 4:
                {
                    ovalShape11.FillColor = Color.White;
                    ovalShape12.FillColor = Color.White;
                    ovalShape13.FillColor = Color.White;
```

```
                        ovalShape14.FillColor = Color.Green;
                        ovalShape15.FillColor = Color.White;
                        ovalShape16.FillColor = Color.White;
                    } break;
                case 5:
                    {
                        ovalShape11.FillColor = Color.White;
                        ovalShape12.FillColor = Color.White;
                        ovalShape13.FillColor = Color.White;
                        ovalShape14.FillColor = Color.White;
                        ovalShape15.FillColor = Color.Green;
                        ovalShape16.FillColor = Color.White;
                    } break;
                case 6:
                    {
                        ovalShape11.FillColor = Color.White;
                        ovalShape12.FillColor = Color.White;
                        ovalShape13.FillColor = Color.White;
                        ovalShape14.FillColor = Color.White;
                        ovalShape15.FillColor = Color.White;
                        ovalShape16.FillColor = Color.Green;
                    } break;
                default: break;
                }
        }
        else
        {
            ovalShape11.FillColor = Color.Red;
            ovalShape12.FillColor = Color.Red;
            ovalShape13.FillColor = Color.Red;
            ovalShape14.FillColor = Color.Red;
            ovalShape15.FillColor = Color.Red;
            ovalShape16.FillColor = Color.Red;
        }

    if (Rdata < 10)
        if (SetValue < Rdata)
        {
```

```
switch (time)
{
    case 1:
        {
            ovalShape11.FillColor = Color.Green;
            ovalShape12.FillColor = Color.White;
            ovalShape13.FillColor = Color.White;
            ovalShape14.FillColor = Color.White;
            ovalShape15.FillColor = Color.White;
            ovalShape16.FillColor = Color.White;
        } break;
    case 2:
        {
            ovalShape11.FillColor = Color.White;
            ovalShape12.FillColor = Color.Green;
            ovalShape13.FillColor = Color.White;
            ovalShape14.FillColor = Color.White;
            ovalShape15.FillColor = Color.White;
            ovalShape16.FillColor = Color.White;
        } break;
    case 3:
        {
            ovalShape11.FillColor = Color.White;
            ovalShape12.FillColor = Color.White;
            ovalShape13.FillColor = Color.Green;
            ovalShape14.FillColor = Color.White;
            ovalShape15.FillColor = Color.White;
            ovalShape16.FillColor = Color.White;
        } break;
    case 4:
        {
            ovalShape11.FillColor = Color.White;
            ovalShape12.FillColor = Color.White;
            ovalShape13.FillColor = Color.White;
            ovalShape14.FillColor = Color.Green;
            ovalShape15.FillColor = Color.White;
            ovalShape16.FillColor = Color.White;
        } break;
```

```
            case 5:
                {
                    ovalShape11.FillColor = Color.White;
                    ovalShape12.FillColor = Color.White;
                    ovalShape13.FillColor = Color.White;
                    ovalShape14.FillColor = Color.White;
                    ovalShape15.FillColor = Color.Green;
                    ovalShape16.FillColor = Color.White;
                } break;
            case 6:
                {
                    ovalShape11.FillColor = Color.White;
                    ovalShape12.FillColor = Color.White;
                    ovalShape13.FillColor = Color.White;
                    ovalShape14.FillColor = Color.White;
                    ovalShape15.FillColor = Color.White;
                    ovalShape16.FillColor = Color.Green;
                } break;
            default: break;
            }
        }
        else
        {
            ovalShape11.FillColor = Color.Red;
            ovalShape12.FillColor = Color.Red;
            ovalShape13.FillColor = Color.Red;
            ovalShape14.FillColor = Color.Red;
            ovalShape15.FillColor = Color.Red;
            ovalShape16.FillColor = Color.Red;
        }
    }

    private void Form1_Load(object sender, EventArgs e)
    {
        serialPort1.DataReceived += new SerialDataReceivedEventHandler(port_DataReceived);
        for (int i = 1; i < 5; i++)
        {
```

```
            comboBox1.Items.Add(i.ToString());
        }
        comboBox1.Text = "0";
    }

    private void port_DataReceived(object sender， SerialDataReceivedEventArgs e)
    {
        Rdata = serialPort1.ReadChar();
        if (Rdata > 10)
        {
            rectangleShape1.FillColor = Color.GreenYellow;
        }
        else
        {
            rectangleShape1.FillColor = Color.Black;
        }
        int a = Rdata;
        switch (a)
        {
            case 1:
                {
                    ovalShape1.FillColor = Color.Yellow;
                    ovalShape2.FillColor = Color.White;
                    ovalShape3.FillColor = Color.White;
                    ovalShape4.FillColor = Color.White;
                } break;
            case 2:
                {
                    ovalShape1.FillColor = Color.Yellow;
                    ovalShape2.FillColor = Color.Yellow;
                    ovalShape3.FillColor = Color.White;
                    ovalShape4.FillColor = Color.White;
                } break;
            case 3:
                {
                    ovalShape1.FillColor = Color.Yellow;
                    ovalShape2.FillColor = Color.Yellow;
                    ovalShape3.FillColor = Color.Yellow;
```

```
                    ovalShape4.FillColor = Color.White;
                } break;
            case 4:
                {
                    ovalShape1.FillColor = Color.Yellow;
                    ovalShape2.FillColor = Color.Yellow;
                    ovalShape3.FillColor = Color.Yellow;
                    ovalShape4.FillColor = Color.Yellow;
                } break;

            case 17:
                {
                    ovalShape1.FillColor = Color.Yellow;
                    ovalShape2.FillColor = Color.White;
                    ovalShape3.FillColor = Color.White;
                    ovalShape4.FillColor = Color.White;
                } break;
            case 18:
                {
                    ovalShape1.FillColor = Color.Yellow;
                    ovalShape2.FillColor = Color.Yellow;
                    ovalShape3.FillColor = Color.White;
                    ovalShape4.FillColor = Color.White;
                } break;
            case 19:
                {
                    ovalShape1.FillColor = Color.Yellow;
                    ovalShape2.FillColor = Color.Yellow;
                    ovalShape3.FillColor = Color.Yellow;
                    ovalShape4.FillColor = Color.White;
                } break;
            case 20:
                {
                    ovalShape1.FillColor = Color.Yellow;
                    ovalShape2.FillColor = Color.Yellow;
                    ovalShape3.FillColor = Color.Yellow;
                    ovalShape4.FillColor = Color.Yellow;
                } break;
```

```
        default: break;
    }
}

private void button1_Click(object sender, EventArgs e)
{
    try
    {
        serialPort1.Open();
        button1.Enabled = false;
        button2.Enabled = true;
    }
    catch
    {
        MessageBox.Show(" 请检查串口 ", " 错误 ");
    }
    timer1.Start();
}

private void button2_Click(object sender, EventArgs e)
{
    try
    {
        serialPort1.Close();
        button1.Enabled = true;
        button2.Enabled = false;
    }
    catch (Exception err)
    {

    }
    timer1.Stop();
}

private void comboBox1_SelectedIndexChanged(object sender, EventArgs e)
{
    SetValue = Convert.ToInt32(comboBox1.SelectedItem);
}
```

```
private void button3_Click(object sender，EventArgs e)
{
    string data = comboBox1.Text;
    string convertdata = data.Substring(0，1);
    byte[] buffer = new byte[1];
    buffer[0] = Convert.ToByte(convertdata，16);
    try
    {
        serialPort1.Open();
        serialPort1.Write(buffer，0，1);
        serialPort1.Close();
        serialPort1.Open();
    }
    catch (Exception err)
    {
        if (serialPort1.IsOpen)
            serialPort1.Close();
    }
}
}
```

执行 调试(D)→▶ 启动调试(S) 命令，无错误信息，即编译成功可以运行，如图 8-3-46 所示。

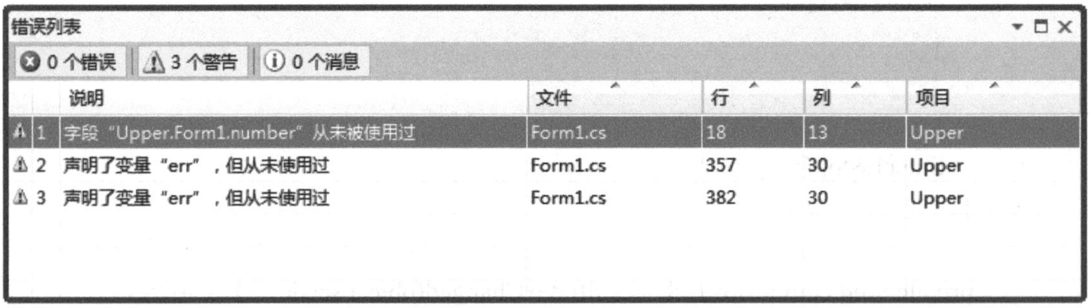

		说明	文件	行	列	项目
		错误列表				
		⊗ 0 个错误　⚠ 3 个警告　ⓘ 0 个消息				
⚠	1	字段 "Upper.Form1.number" 从未被使用过	Form1.cs	18	13	Upper
⚠	2	声明了变量 "err"，但从未使用过	Form1.cs	357	30	Upper
⚠	3	声明了变量 "err"，但从未使用过	Form1.cs	382	30	Upper

图 8-3-46　编译信息

8.4 整体仿真

运行 Virtual Serial Port Driver 软件，创建 2 个虚拟串口，分别为 COM1 和 COM2。COM1 为下位机所用，COM2 为上位机所用。

运行 Proteus 软件，将 HEX 文件加载到 AT89C51 中，如图 8-4-1 所示。双击 COMPIM 元件，进行参数设置，如图 8-4-2 所示。

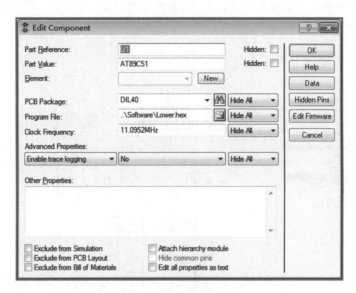

图 8-4-1 加载 HEX

图 8-4-2 COMPIM 元件属性

执行 Debug→🦌 Run Simulation 命令，运行下位机电路仿真，左下角三角形按钮变为绿色，如图 8-4-3 所示。在工程文件中找 "Upper.exe"，并单击运行，进入上位机软件界面，如图 8-4-4 所示。单击上位机中 打开串口 按钮，即可打开串口连接。

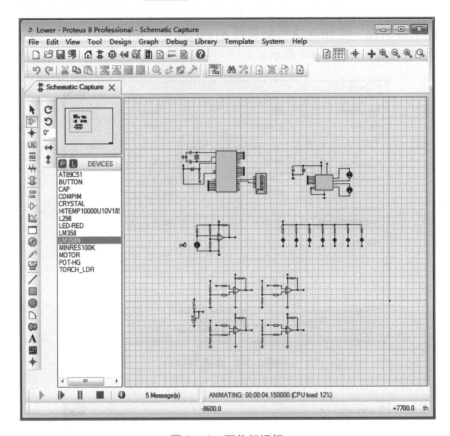

图 8-4-3 下位机运行

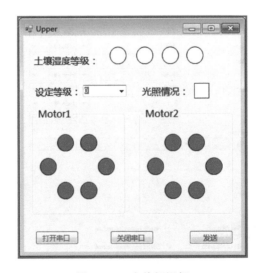

图 8-4-4 上位机运行

　　将下位机中光敏电阻调节到无光照状态，如图 8-4-5 所示，下位机直流电机驱动电路中直流电动机 M1 不转动，如图 8-4-6 所示，指示灯电路中的发光二极管 D5 和发光二极管 D6 均熄灭，如图 8-4-7 所示。可以观察到上位机中光照情况指示灯变为黑色，旋转电动机 Motor1 的指示灯全为红色，表示旋转电动机停止工作，如图 8-4-8 所示。

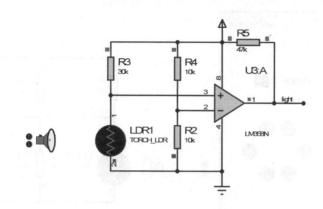

图 8-4-5　光敏电阻无光照

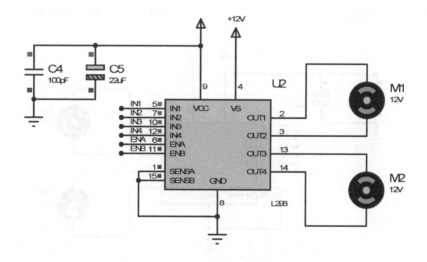

图 8-4-6　M1 不转动

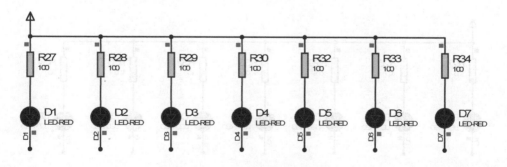

图 8-4-7　D5 和 D6 熄灭

将下位机中光敏电阻调节到有光照状态，如图 8-4-9 所示，下位机直流电动机驱动电路中直流电动机 M1 开始转动，如图 8-4-10 所示，指示灯电路中的发光二极管 D5 和发光二极管 D6 亮起，如图 8-4-11 所示。可以观察到上位机中光照情况指示灯变为绿色，旋转电动机 Motor1 的指示灯变为绿色闪烁，表示旋转电动机开始工作，如图 8-4-12 所示。

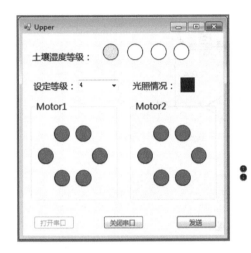

图 8-4-8 上位机仿真结果 1

图 8-4-9 光敏电阻有光照

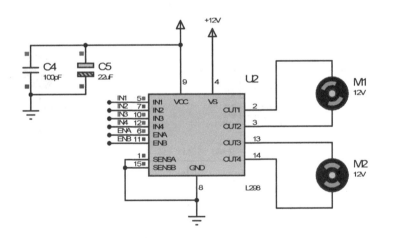

图 8-4-10 M1 转动

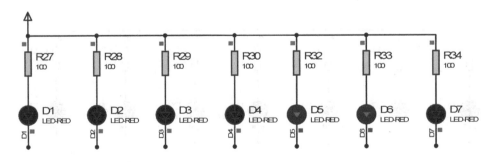

图 8-4-11 D5 和 D6 亮起

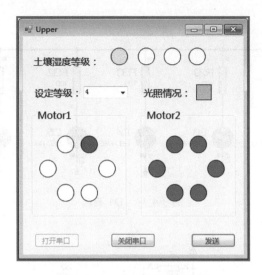

图 8-4-12　上位机仿真结果 2

　　将下位机中的土壤湿度等级实测等级设定为"1"，模拟土壤湿度传感电路如图 8-4-13 所示，指示灯电路中发光二极管 D1 亮起，如图 8-4-14 所示。将上位机中土壤湿度等级设定为"1"，点击 发送 按钮，将土壤湿度等级数据发送到下位机中，土壤湿度等级实测等级并不大于土壤湿度设定等级，上位机中的水泵电机 Motor2 不转动，6 个指示灯为红色，如图 8-4-15 所示。

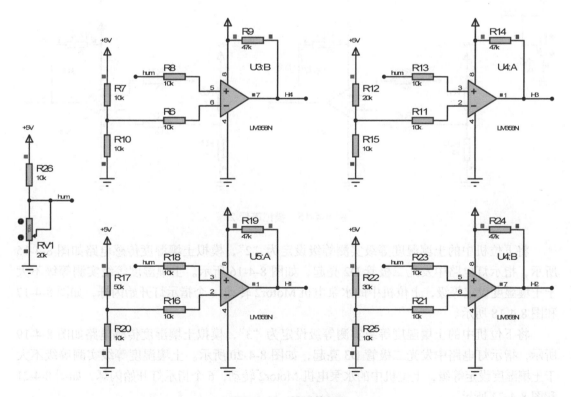

图 8-4-13　模拟等级 1

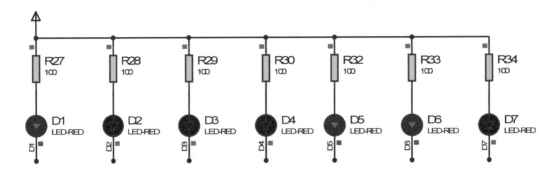

图 8-4-14　D1 亮起

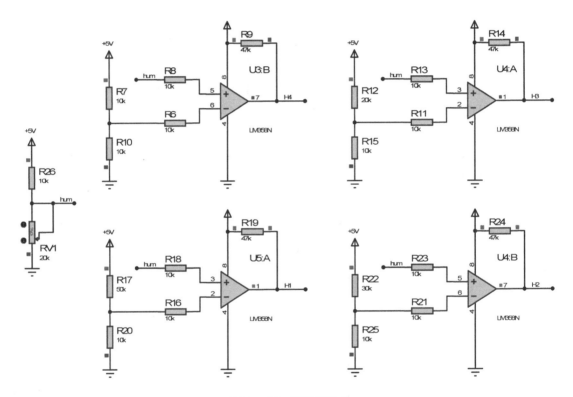

图 8-4-15　模拟等级 2

　　将下位机中的土壤湿度等级实测等级设定为 "2"，模拟土壤湿度传感电路如图 8-4-15
所示，指示灯电路中发光二极管 D2 亮起，如图 8-4-16 所示。土壤湿度等级实测等级不大
于土壤湿度设定等级，上位机中的水泵电机 Motor2 转动，6 个指示灯开始闪烁，如图 8-4-17
和图 8-4-18 所示。

　　将下位机中的土壤湿度等级实测等级设定为 "3"，模拟土壤湿度传感电路如图 8-4-19
所示，指示灯电路中发光二极管 D3 亮起，如图 8-4-20 所示。土壤湿度等级实测等级不大
于土壤湿度设定等级，上位机中的水泵电机 Motor2 转动，6 个指示灯开始闪烁，如图 8-4-21
和图 8-4-22 所示。

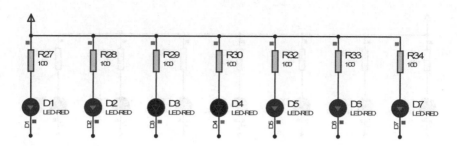

图 8-4-16　D2 和 D7 亮起

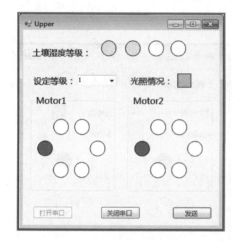

图 8-4-17　上位机仿真结果 3

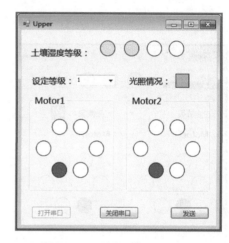

图 8-4-18　上位机仿真结果 4

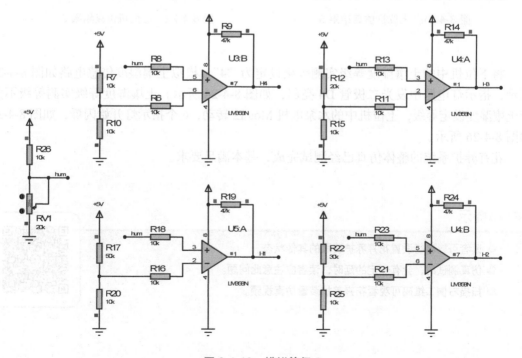

图 8-4-19　模拟等级 3

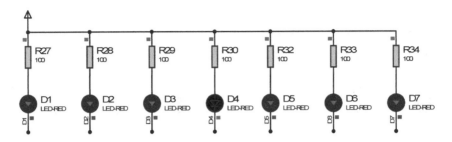

图 8-4-20　D3 亮起

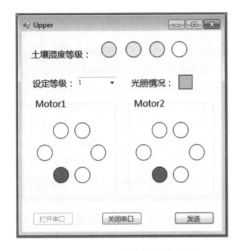

图 8-4-21　上位机仿真结果 5

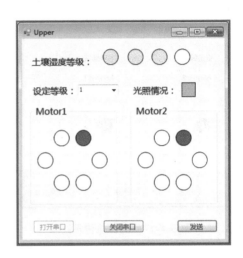

图 8-4-22　上位机仿真结果 6

将下位机中的土壤湿度等级实测等级设定为"4"，模拟土壤湿度传感电路如图 8-4-23 所示，指示灯电路中发光二极管 D4 亮起，如图 8-4-24 所示。土壤湿度等级实测等级不大于土壤湿度设定等级，上位机中的水泵电机 Motor2 转动，6 个指示灯开始闪烁，如图 8-4-25 和图 8-4-26 所示。

花卉养护系统的整体仿真已经测试完成，基本满足要求。

☞ 小提示

◎ 读者可以自行设置花卉养护装置的其他状态。

◎ 仿真测试时，会有一定的延时，读者应注意此问题。

◎ 扫描右侧二维码可观看花卉养护装置仿真视频。

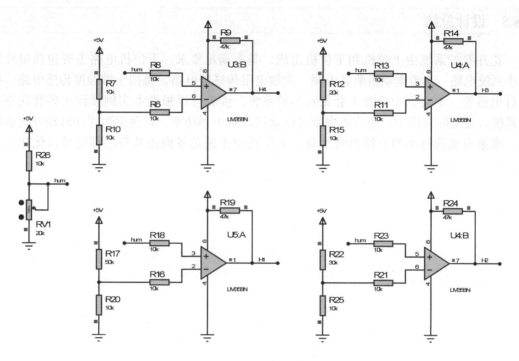

图 8-4-23　模拟等级 4

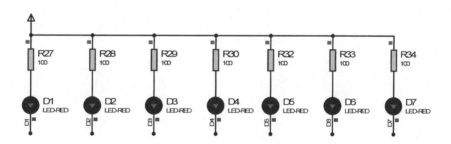

图 8-4-24　D4 亮起

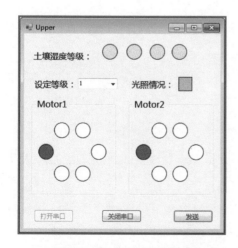

图 8-4-25　上位机仿真结果 7

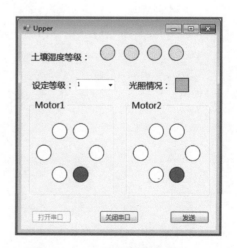

图 8-4-26　上位机仿真结果 8

8.5 设计总结

　　花卉养护系统由上位机和下位机组成，基本满足要求。下位机电路主要包括单片机最小系统电路、直流电动机驱动电路、光敏电阻传感器电路、模拟土壤湿度传感电路、指示灯电路等。本实例中只有 1 套花卉养护系统，读者可以根据本实例设计出多套花卉养护系统。在实际应用中，还应考虑旋转电动机的转矩和功率，以免发生无法转动花盆的情况，水泵应该选择小型直流自吸水泵。上位机中无论是界面还是程序都有可以优化的空间。